JN120185

# はじめに

## 本書の成り立ち

　本書は、書名『未来を語る日本農業史』そのままの気持で書きました。日本の農がたどった歴史を、主に「（伝統社会から）近代社会」への突入がもたらした様々な「変化／狼狽」を起点（各章の第1節）にして叙述し、続く2・3節で伝統社会と現代を扱うという異例の構成をとってみました。

　全体の章立ても「土地利用」「土地所有」「農民」などと農の諸側面をバラバラにした、やや「妙な」編成になりました。

　これでは全体像が把握しにくいという難点（致命的な？）はありますが、逆に（問題が小さく具体的になりますので）論点をよりシャープに示すことができるのではないか、と判断しました（それがよかったか悪かったか、自信はありません）。

　なお、私自身が手掛けてきたのは近現代だけ（ほぼ大正〜戦後改革期）ですので、それ以外の時代は、おのおのの研究領域の成果をお借りしました。

## 問題関心と叙述のポイント

　読者が著者の意図を理解して読みすすめられるよう、私の基

本的な問題関心（書きたいこと）を記しておきます。

　第1は、世界農業には明確な「個性（類型的差異）」がある、ということです。

　科学技術の発展と経済レベル高度化のなかで、「個性」は幾度もリニューアルされますが、そのまま「平準化しきる」ことはありえず、かならず深い根っこから再び呼びかえされます。その連鎖だと考えています。〝卓越した栄養価と人工的風味〟により世界の食が「平準化」されることはないのか、と問われれば、「それは不明だが、少なくとも人類の幸福だとは思えない」と答えざるをえません。

　なお、私は、「個性的だからバラバラだ」とは思っていません。むしろ、自他の個性をきちんと認識することが相互の共通項を広げるもっとも確かな基盤をつくると考えています。

　第2は、「経済の規模」と「社会の豊かさ」とはまるで別物、ということです。

　現代世界はますます「経済の力」に依存する度合いが増えていますが、どこかで、両者の「違い」を峻別できるようになれるかどうか……これが「未来を明るくするか否か」に深く影響するであろう、と思います。ですから本書では、GDPが増えた／減ったなどというマクロの経済指標よりも、人と地域と生活をベースにして叙述したいと思います。

　第3は、「農業と工業は違う」ということです。

　それは「生命をもった／再生産資源」（本書では力点を置きませんが、「資源」という言葉がはらむ問題について第7章で少しふれておきました）を扱う領域と、「非生命体で再生産性を欠いた資源」を対

象とする工業との差のことです。もちろん、AIを活用した「合理的農業」がすでに現実的課題にのぼっていることは知っていますが、「自然に対する感受性を弱めていく」ような技術がつくる「未来」は、どこかで「反転」を起こさざるをえない未来ではないかと危惧します。

　「人と自然がより親しくなる」……環境問題の解決という観点からだけではなく、これこそ「超近代的な未来」を好ましいものにする「根本条件」であろうと考えます。第1に記した「個性認識を深めること」が「大きな共通項」を獲得することにつながるという根拠も、おそらくここにある、と思っています。


　章別編成について

　章編成は次のようにしました。

はじめに
第1章　日本農業の個性を知る
　　　──飯沼二郎・世界農業類型論に学ぶ──
第2章　「はげ山」に囲まれた明治維新
　　　──土地の「利用」をめぐる「今と昔」──
第3章　水田農業化の近代
　　　──農地とその「利用」をめぐって──
第4章　上土は自分のもの、中土は村のもの、底土は天のもの
　　　──農地の「所有」をめぐって──
第5章　農民・農家・百姓をめぐって
　　　──「百姓は農民ではない」（網野善彦）──

　各章のテーマを簡単に記せば次のようになります。
「はじめに」「第1章　農業類型」「第2章　国土利用」「第3章
農地利用」「第4章　農地所有」「第5章　農民」「第6章　農村」
「第7章　戦争」「第8章　農地改革」「第9章　地域資源」「第10章
農業的自然」「おわりに」
　なお、いくつかの「農業史こぼれ話」をはさみました。テーマはやや広くとってあります。こんなところからも、なにかしらの興味を抱いていただければ嬉しく思います。

（漢字表記について）
**食糧と食料**：「食糧」は主に穀物、「食料」は多様な食の全体をあらわします。本書は主に水田を中心にした土地利用型農業を叙述しているのでほぼ「食糧」を使いました。
**農地と耕地**：使用データにより両者が混在せざるをえなかったのですが、面積的にはほぼ同じ（耕地には畦畔が含まれます）ですので農地でとおしました。

# 目　次

## キーワードと用語解説

◎学びの手がかりとなる言葉をあげてみました。
◎知りたい言葉をみつけて、その章や解説を読んでみましょう。
◎章番号の記載のあるものはキーワード、頁数が記されているものは用語解説です。

## 農業には個性がある?

自然が違えば農の姿も自ずと異なります……ですから「昔」は、世界の農が多様であることは自明すぎることでした。

しかし、近代科学（法則で万物をとらえようとする思考形態です）が自然を征服するにつれ、「農のバラエティ」の多くは「遅れ」であり「克服すべきもの」とみなされるようになりました。

農業基本法（1961年）以来の日本農政は、基本的にはそのような方向性のもとですすめられてきましたが、現在の日本は、カロリーベース自給率は37％しかないのに農地は余るという、なんとも不思議な事態が拡大しています。


本書のはじめに、農業の類型的性格ということ、世界農業のなかの日本農業の特色、という問題を考えます。これは以下の諸章を貫くベースになりますから、本章からぜひとも一つの「見取り図」を手にいれてほしいと思います。

## 第1章

# 日本農業の個性を知る
## ——飯沼二郎・世界農業類型論に学ぶ——

**キーワード**

農業類型、世界農業類型論、新自由主義、休閑農業と中耕農業、保水農業と除草農業、環境適応型と環境形成型

◆はじめに

　最初に、飯沼二郎の「世界農業類型論」から「日本農業の個性とは何か」を学びたい。

　飯沼の研究はすでに「古典」といってもよいものであるが、「日本という単位」で農業の個性を考えるには、今なお大切な理論である。

　私はこれまで、（価格競争こそが正義であるかのように振る舞う）新自由主義的な考え方を相対化できる思考が必要と考えてきた。したがってここでは、個々（もしくは小地域）の問題というより

は、国という単位（ここでは日本）でとらえられるような個性を問いたいと思う……国際交渉はすべて「国」単位で行われ、日本農政は日本の「国」が決めるからである。

　現在の状況は、「日本農業論（日本農業の位置づけ）」がないまま国際的にも国内的にも個別に撃破され、農業全体としてはどんどん縮小を余儀なくされているようにみえる。

## 1　飯沼「農業類型論」の意義

　飯沼理論の特徴と意義は、次のようである。

　第1：飯沼は「農業成立の一般的技術条件」を「地力再生産と雑草防除法の確立」の2条件におき、この二つの獲得をもって「農業の成立」とみなした。「近代主義的」という批判はあるかもしれないが、それは飯沼の関心が〝西洋近代農業の相対化〟にあるからであり、その意図は十分理解できる。飯沼の個性の捉え方を「類型論」とよんでいるのは、単なる多様性ではなく、ある条件に基づく「個性のかたち」を理論化しているからである。

　第2：上記2条件の具体的なあり方は、「〈気温〉と〈水〉を指標にして把握した〈自然条件〉」に大きく規定されているとし、〈自然条件〉を「年間降雨量の多寡（全体的な乾湿度合）」と「夏季降雨量の多寡（とくに作物栽培期の水量）」でとらえ、以上に基づく「四つの類型」に即して農業の特質を整理したことである。

第3：他方、これらの農業諸類型は、農業構造や社会編成の
あり方にも大きな影響を与え、その相互作用（飯沼は自ら
の理論を「動態的風土論」といった）を通じて現実の農業
のあり方がつくられる、としたこと。以上である。

　世界農業の類型的個性を、「地力再生産」と「雑草防除」の二
側面で把握するというアイデアが卓抜である。確かに、「農業」
が「採集」と異なるのは、収穫を目的にして「栽培」すること
であろう。

　「栽培」を続けるには、継続的に土中に栄養分を供給する（地
力再生産という）必要があり、供給した栄養分を奪い繁茂する「雑
草」を、収穫に大きな影響を及ぼさない範囲に制御する必要が
ある。「地力」とは、養分視点の「肥力」のみならず膨軟度など
も含む総合的な土壌の力である。「雑草」防除を必須条件に含め
るのは、以上二つの契機に支えられてこそ農業は社会的に成立
してくると考えてよいであろう。

　このように整理されることによって、地力再生産方法と雑草
問題の克服という2つの契機で世界の農業形態の差異を比較検討
できることになったといえよう。

## 2 ｜ 飯沼「農業類型論」の概要

　まず次頁表1−1の上段横軸をみてほしい。ここでは、「年間降
雨量」を指標にして、世界の農業地域を「乾燥地帯と湿潤地帯」
に分けている。他方、同表左端の縦軸をみると「夏季＝栽培時」

表1−1　飯沼二郎の世界農業類型論（一つの農法論的見取り図）

| | | 乾燥地帯 | 湿潤地帯 |
|---|---|---|---|
| 夏季＝栽培時 | より乾燥的 | 休閑保水農業① | 休閑除草農業③（冷涼・相対的乾燥……西欧） |
| | より湿潤的 | 中耕保水農業② | 中耕除草農業④（モンスーン・アジア……水稲） |
| | | 保水農業 | 除草農業 |

注）飯沼二郎『農業革命の研究』農文協、1985年、17頁より作成

とある（原文は「夏季降雨量」であるが、これだけでは意味がわからないので説明的な表現にした）。「夏季」の降雨量を指標にしているのは、「夏季＝農作物栽培時」の水条件に注目しているからである。

　「乾燥地帯／湿潤地帯」という大枠のなかの小区分として、「より乾燥的／より湿潤的」な二つの地域が設けられている。したがって、同じ「乾燥地帯」であっても、「夏季がより湿潤的」であれば農業条件はやや恵まれている（乾燥的であっても栽培時＝夏にある程度の雨が降る）ことになる（②中耕保水農業と名付けられている）し、「より乾燥的」であればその反対、水不足がもたらす困難は極めて大きい地帯だということになる（①休閑保水農業と名付けられている）。

　同様に、「湿潤地帯」であるうえ「夏季がより湿潤的」な「中耕除草農業」（日本・モンスーンアジア）では、１年を通じて温暖であるだけでなく、とくに夏季には「作物と競争するように成長する雑草との闘い」が大きな問題になる。他方、同じ「湿潤地帯」でも「夏季がより乾燥的」な北ヨーロッパや北米では雑草問題は大きいものの、地表に繁茂するわけでなくその現われ方はずいぶん異なり、したがって雑草の除去方法も異なるもの

になるのである（休閑除草農業という）。

　以上、縦・横二つの指標で区分された「四つの農業類型」を再整理すると、次のようになる。先に述べた内容と重なるが、整理の意味で再読してほしい。

　(A) まずは縦の並び。「乾燥地帯」における「①休閑保水農業」と「②中耕保水農業」、「湿潤地帯」における「③休閑除草農業」と「④中耕除草農業」である。

　　(A-ⅰ)「乾燥地帯」の①②はいずれも「保水農業」と名付けられているが、これは水不足地帯のため「耕土中に水を保存すること（保水）」がポイントだからである。

　　(A-ⅱ) 他方「湿潤地帯」の③④は「除草農業」とよばれている。これは「湿潤」であるため雑草との闘いが厳しく、雑草にうちかつことがポイントだからである。

　(B) 横の並びは、①③は「休閑農業」、②④は「中耕農業」と表現されている

　　(B-ⅰ)「休閑」とは作付けを休むこと。「休む」ことが「栽培により失った水分・養分を回復する機能」を持っていることを示している。

　　(B-ⅱ)「中耕」とは栽培過程に日本流にいえば鍬を入れる（働きかける）こと。この類型では栽培全過程の集約的な管理が生産力の高さと持続性を支えている。なお「中耕保水」とは、耕土の表面を浅く耕し（耕土をかく乱し毛管現象を遮

断）、それを鎮圧する（蒸散防止のために軽く踏み固める）ことで耕土中の水を逃がさないためである。「耕耘」に期待される役割がまるで違うことに驚かされよう。

## 3 「除草農業」の二類型——日本と西欧の比較

◆ 除草農業の２類型

　これまで世界農業の中心にあったのは、水にも気温にも恵まれた「除草農業地帯」、すなわち表１−１における③④である。しかし、同じ事情が雑草の成育も旺盛にするから、ここでは雑草の除去が大きな課題となった（それが「除草農業」の意味である）。しかし、③の「冷涼で相対的に乾燥した」西欧と、④の「温暖多湿な」モンスーン・アジアとでは大きな違いがあった。なお、③は「西欧」と記しているが、厳密には「南欧を除く北ヨーロッパ。彼らの移民先である北米・オセアニアなど」、④の「モンスーン・アジア」は「東南アジアと日本を含む東アジアの主要部分」をさしている。

◇ 日本の雑草問題

　「雑草との戦い」はかつて日本農業の代名詞であった。作物を上まわるスピードで繁茂する雑草の制御が最大の課題であったのである。水田農業は、湛水状態であること、成長した苗の移植（田植え）という方法をとることなどの、雑草を抑えこむ手立てを備えていたが、ヒエ科雑草には効かなかった。そのため、

イネと競争するように伸びる雑草を、直接田んぼに入り、手を使って「草取り／ヒエ抜き」したのである。なお、畑地にはこのような雑草抑制機能機能はなかったので、雑草問題ははるかに大変であった。

◇ 西欧の雑草問題

　他方、西欧の雑草問題は相当に異なっていた。かつて和辻哲郎（哲学者）が「牧草のようだ」と評し、「ヨーロッパには雑草が無い」とまで言ったが、それは誤解であった。確かに地表で繁茂するわけではないが、地中深く根を張って年を越す、強靭な宿根性の雑草であった。もちろん「圃場に入って手で抜く」ことなどできない。作物収穫後（冬＝休閑期）に、大型の犂を土中深く突き刺し「天地返し」することにより、根を切断し寒風のなかで枯死させることが必要だったのである。

◇ 規模拡大における分岐点

　日本（中耕除草農業）の「除草」は、明治になり正条植（イネを縦・横に等間隔に整列するように植えること）が普及し、田打車を使った除草が始まり一定の能率アップを実現したが、第二次大戦後に登場した除草剤（2-4-D）が除草作業自体を不必要にするまでは、最も過酷な労働であり続けた。他方、休閑期の犂耕で雑草退治ができた西欧では、犂をより深耕できる大型犂に改良し、家畜の牽引力を増すこと（連畜・増頭）で飛躍的に能率を向上させた。ただ、連畜数を増やすことは操縦の難度を増すことでもあり、6頭立てが限界だと言われていた。

その、畜力依存の限界を一気に突破したのがトラクターである。以後、農業経営規模の爆発的な規模拡大が可能になった。西欧農業における機械化体系の成立は、この地の農業発展方向の極めて自然な流れの上にあった。

◆ 地力再生産方法の相違——草肥農業と厩肥農業

以上のように、西欧と日本の「雑草＝除草」問題には、「温暖・湿潤／冷涼・乾燥」という気候条件に基づく大きな違いがあったが、同じことが「施肥＝地力再生産」についてもみてとれる。

温暖・湿潤な日本では、生い茂る草をそのまま田んぼに入れれば、時間さえかければ十分に分解され肥料になった。土中に鋤き込む前に腐熟させればさらに優良な肥料になる（堆肥）。草をベースにした肥料を「草肥」というが、日本農業の典型的な地力再生産方法は「草肥」（広い意味では、草だけではなく枝なども含む）だったといえる。

しかし、冷涼・乾燥の西欧では、草は容易に分解されず、このような方法はとれない。その代わり、家畜の糞尿（厩肥）が肥料源になった。ただ、草は腐熟しないから直接肥料にはできないが家畜の飼料にはなる。この点からいえば、西欧の草は「家畜の腹を経て肥料化した」ともいえた。いずれにせよ西欧における地力再生産は、「草肥」ではなく家畜の糞＝「厩肥」が中心になったのである。

◇農業発展形態の違い

　主に草肥に依拠する日本では、農業の拡大には草山の拡大が必要であり（草肥農業）、主に厩肥に依拠する西欧では家畜の増頭が必要であった（厩肥農業）。そして、この違いは以下のような土地利用方式および農業経営発展方向の違いをうんだ。

## ◆「連作の日本」と「輪作の西欧」

　日本農業では、水利条件が改善するにつれ、水田化がすすみ水田における稲の連作（毎年稲を栽培し続けること）が拡大した。湛水が連作障害を克服し、連作を可能にしたのである。同時に、耕地化がすすむにつれ、「草」は主に山に求められることになった（山の草山化）。他方、西欧農業では、畑作は連作を嫌ううえ、地力補給上も休閑＝家畜放牧を組み入れる必要があり、休閑地を含む輪作体系（ブロック・ローテーション方式）が生み出されることになった。

　そのため、日本では、耕地は「個人的」利用、草山は「入会的」利用が卓越することになったが、西欧では、放牧地も含む農地の総体が、強力な「共同体規制」の下に置かれたのである。以下、封建制下の西欧農業を代表する三圃式農業と、それに続く輪栽式農業（西欧農業革命）の内容を概観したい。

◇ 三圃式農業

　三圃式農業とは、圃場全体を三つに区分し、穀物畑や放牧地などにわけて輪作（ブロック・ローテーション）する方式である。

家畜は夏季に放牧地で飼い、そこで落とされた厩肥は、次年度にはその地が穀物畑として使われることにより生産に供される。

　飼料のない冬期は、必要な頭数を超えるものは屠殺して保存食とした（これがハム・ソーセージ文化である）。しかしここでは、休閑地の存在が必須条件であり、それをローテーションするために強い村の力（村落共同体）の存在を不可避にしていた（……これに比べれば、江戸時代の日本農民の方がはるかに自由度は高かった）。

　輪作順序は次のとおり、圃場の3分の1は休閑し、放牧に供されたため、農地利用率は66.7％であった。

〈作付順序〉：1年目＝冬穀物（小麦）、2年目＝夏穀物（大麦）、
　　　　　　 3年目＝休閑（放牧）

◇ 輪栽式農業＝四圃式農業

　作付け順序のなかに地力再生産機能をとり込み、三圃式農業には不可欠であった休閑地を廃止したのが、四圃式の輪栽式農業であった。農地利用率は100％となり、主力商品作物である小麦の収量も、最大の現金収入源である家畜飼育頭数も飛躍的に増えた。この画期的な変革を「農業革命」とよんでいる。

〈作付順序〉：1年目＝冬穀物（小麦）、2年目＝カブ、
　　　　　　　3年目＝夏穀物（大麦）、4年目＝赤クローバ

　休閑地を廃止できたのは、空中窒素固定能力をもつ赤クローバの作付けと深根性（カブ）・浅根性（小麦）作物の植え分け、および家畜増頭（カブ＝冬期飼料の潤沢化）により地力維持・再生産能力が飛躍的に増したからである。休閑地がいらないとなれば

村ぐるみの農地ローテーションは不要になる……これが、西欧農村における共同体規制の解体であり、いわゆる「独立自営農民（ファーマー）」の登場である。

　以後は、先にもふれたように、農業機械化を軸にした経営規模拡大競争（農民層分解）が急速にすすむことになった。

　日本と西欧はともに、〝土地を媒介にした封建制という社会システム〟ができた地域であったが、「日本よりも強力な村（共同体規制）をもちながら農業革命により自営農民の世界に置き換わった西欧」と「徐々に弛緩しながらも村の規制力・結合力を長期持続させた日本」、という農業発展論理の大きな差異が生まれたのであった。

## 4 ｜ 中耕除草農業のなかの日本農業──環境適応型と環境形成型

　飯沼「中耕除草農業論」には、その後重要な補正（厳密化）が加えられたので、ふれておきたい。

　飯沼が「温暖・湿潤なモンスーン・アジア地域」としてイメージしたのは何よりも日本であり、そこで強調されたのは「綿密な管理の効用」であったが、しかし、これを「モンスーン・アジア」全体の特徴として一般化することには無理があった。たとえば、ベトナム南部・メコンデルタなどでは浮稲が栽培されている。ここでは、雨期には一気に増水して何メートルにも及ぶ水深を、ただただ身を委ねるようにして浮稲が育つ……栽培過程の管理など問題外といってもよい農業なのである。

これを「中耕除草農業＝モンスーン・アジア農業」として一緒にくくるのは適切ではないであろう。

◆「大自然·環境適応型」と「小自然·環境形成型」という区別

　この問に対して、田中耕司は「環境適応型」「環境形成型」という別指標に基づき「中耕除草農業地帯内部の差異」として、次のように再整理した（金沢夏樹『変貌するアジアの農業と農民』東京大学出版会、1993、所収「対談」）。

　「環境適応型」とは、「自然が巨大」で、ただそれに「適応」することによってのみ農業が可能になるような地域（典型＝メコンデルタ等での浮稲栽培）であり、「環境形成型」とは、「自然が小さい」ため、人の手により諸環境を改善する余地が大きく、より安定的かつ高度な発展が追求できる地域である。世代を超え、高度な農業装置として改良が重ねられてきた日本の水田農業が、その典型である。

　飯沼のいう日本＝中耕除草農業の特質は、事実上田中の「中耕除草・環境形成型農業」のそれとほぼ重なっている。飯沼の関心は農業革命発祥の地＝西欧農業に対する日本農業の個性と可能性を明らかにし、「日本における農業革命の可能性とあり方を考えるこ」とであったから、遠い東南アジア農業の個性（田中のいう環境適応型）を十分視野に収めていなかったのであろう。

　「日本の自然は小さい／だからこそ種々の工夫が可能である」という論点が組み入れられたことは、中耕除草農業論にとっても、日本農業論にとっても極めて大きな意義をもった。

　以下では、「環境形成型・中耕除草農業」という用語を用いて

日本農業を論じたい（そもそも「中耕」という用語は人為的で集約的な管理を意味しており環境「形成」への親近性が高い）。これは、「小さな自然」という論点を日本農業論のなかに積極的に組み入れる、ということである。

◆ "Industrious Revolution"——「勤勉革命」という言葉

　これは補足である。

　上記の言葉は"Industrial Revolution"（産業革命）をもじったもの（速水融1977）であり、その意味は、「機械中心の西欧型経済発展」とは異なり、近世の日本は「勤勉さを武器にして経済発展」を遂げた、ということである。ここには、「進んだ西欧」と「遅れた日本」という対比ではなく、「形態の異なる二つの発展方向」「別な発展形態」として位置付けるという個性的・類型的な見方がある。

　その勤勉革命の効用を、F.ブローデルが記すフランス・小麦の収穫率（収穫量／播種量）と日本・水稲の収穫率と比較においてみると、以下のようである。時期にずれがあるが、おおざっぱな比較は許されよう。

　　　（フランス・小麦）19世紀初頭 6.3　　20世紀初頭　8.1

　　　（日本・水稲）　　18世紀　　　30　　20世紀初頭 100.5

　作物が異なるから絶対値比較の意味は乏しいが、これらの時代において日本・水稲の収穫率はフランス・小麦を大きく上回り、増加スピードも確実に上回っていた、ことには注目される。

　農業におけるIndustrious Revolutionにも、確かな効用があったといってよいであろう。

## ◆おわりに

ここでは、飯沼二郎の世界農業類型論を学んだ。

日本農業は、①「環境形成型」すなわち「自然が小さい」ため、人が工夫して作物の生育にふさわしい環境をつくりやすく、そのうえに②「中耕除草農業」すなわち作物の生育のポイントを外さず、手間を惜しまず働きかけることが実りにつながる、という特徴をもっていた。ここでは「勤勉・工夫と継承」が大きな力を発揮した。

第2章以下では、農業を構成するさまざまな側面についての「今と昔」を概観するが、それぞれは、以上の日本型農業類型に大きく規定されていたといってよいように思う。適宜説明を加えるつもりであるが、読者も、このような視点をもって読み進んでほしいと思う。

なお飯沼理論ではとくに触れられていないが、この農業類型は直系家族（近世中期以降の農家の中心）という器を得て爛熟し、またそのことにより直系家族（近世・近代農家）の安定性を増したと考えられる。第5章をみてほしい。

◎用語解説─────────────────────

**新自由主義**：厳密な定義があるわけではないが、「自由な価格競争」「資本市場の規制緩和」「貿易障壁の最小化」などが結合した市場原理主義（市場万能主義）をさしている。かつての自由主義が、資本主義（市場経済）対社会主義（計画経済）という対抗関係のなかにあったのに対し、社会主義体制崩壊後には、より正当で決定的かつ世界的な規模をもつものとして主張されることになった。

　　市場原理主義に躊躇がないのは、「市場の判断こそが常に最上」
　との信念があるためであるが、人が生産できないものや、価格表
　示が困難なものもたくさんあり、依然として、市場原理主義で
　は掴めない重要領域があることは、経済学における重要ポイン
　トである。それらを無視したところで成立する競争は、利潤合
　理性に偏し社会合理性とは矛盾を深めざるをえないからである。

風土論・動態的風土論：風土とはある地域の気候・気象・地質・景観
　等自然条件の総称、風土論とはこれらの自然条件がそこに生活す
　る人の心性や生活のありように決定的な影響を与え全体として一
　つの個性をつくるという考え方である。他方、人間の側の能動性
　を強調する見解からは、人間社会・文化のすべてを風土に帰する
　「風土決定論」はおかしいという批判があった。それに対して飯
　沼は、人の側からの作用、すなわち農業技術の発展や農業者のあ
　りようの変化も含めて考えている、という反批判をこめて「動
　態的風土論」と称した。


◎さらに勉強するための本───────

金澤夏樹『変貌するアジアの農業と農民』東京大学出版会、1993年
野田公夫『日本農業の発展論理』農文協、2012年
原洋之介『アジアの「農」日本の「農」──グローバル資本主義と比
　　較農業論』書籍工房早山、2013年
徳永光俊『歴史と農書に学ぶ──日本農法の心土』農文協、2019年

# 農業史こぼれ話 1

## 中世はとんでもなく寒かった？──農業史が変わるかも？

　近年、古代・中世（さらにそれ以前の時代の）研究の拡がりと革新ぶりがめざましい。ここでみるのは、日本中世史研究における「古気象（寒冷化）」データの貢献である。もっともこれらのデータ（とくにフェアブリッジの海面変動曲線）が日本中世に適用できるか否かについては異論もあるようなので、ここで得られた知見をそのまま史実とするわけではないが、非常に興味深い論点を提示していることは間違いない。

　「日本中世期の寒冷化は、海面の大幅低下（バリア海退とよばれる）を生むほど大きなものであった」、これが正しいとするとどんな論点がでてくるのかを紹介しよう（主に磯貝の下記著書を使った）。これまで「日本では中世期に二毛作がはじまった」という通説があった。

　これが再検討をせまられるかもしれない、という。二毛作とは、「1年の間に、2種の作物を、2回作付ける」ことである（同種類の作物を2回であれば二期作という）。これは、水利条件や施肥条件の改善および品種改良（要するに技術発展）があって初めてできることであり、年間の生産物は多様になるうえ量も増える。したがって、中世は日本農業発展における「重要な新段階」を築いた時代だと考えられてきた。ところが、厳しい「寒冷期」であれば、主作物（例えば水田のイネ）自体がほとんどとれず、生きるためには慌てて別の作物を（育とうが育つまいが）植え直さざるをえない──このことが「（通常気候における）二毛作」と読み間違えられた可能性が高いようだ、というのである。

　以上よりすれば、中世の記録が示す「1年2作」の記録は、一転して「厳しい寒さ＝大凶作に対する苦闘の印」になる。「ビックリ」ではあるが、「ナルホド」でもあろう。

　先に記したように、「中世期の寒冷化」が事実かどうかという疑問が払しょくされたわけではないが、磯貝の本を読んで「これは本当だ」と思われた（？）意外なトピックがあった。

　それは「新田義貞の鎌倉攻めとバリア海退」というサブタイトルをもつ1節である。『太平記』には「鎌倉攻めの中心となった新田軍が稲村崎の海岸線を干潮を利用して突破し、鎌倉に攻め入った」と書かれているのだが、明治以降には干潟化がおこったこともないのでリアリティが伴わず、やはり攻め入ることは不可能であると考えられていたという（議論はもっと複雑だが、ここではごく簡単に結論のみを記した──野田）。しかし、当時の寒冷化がもたらしたとされる「海退」の状況を加味すると、新田軍は十分「干潮を利用して突破し、鎌倉へ攻め入」ることができた、というのである。疑われていた『太平記』の信ぴょう性が、「バリア海退」という「古気象の新情報」によって今になって証明された（気がした）、というのは、なんとも「感動もの」であった。

（参考文献）磯貝富士男『中世の農業と気候』吉川弘文館、2002年

# ギモンをガクモンに

## 「はげ山」に囲まれた明治維新

　日本は国土の7割余りは山です。その多くは鬱蒼とした山林で覆われており、山林比率は6割7分ほどになります。これは、ある程度の大きさをもつ国のなかでは、スウェーデン、フィンランドに次ぐ高率で、世界のトップ3にはいる大森林国なのです。

　しかし、不思議なことが2つあります。

　一つは、明治維新期の初代山林局長は「日本の山林は二割九分」しかないと言い、大きな危機感を表明していたとされていることです。どこの国でも近代化とともに木材需要が急増し、森林が次々に伐採されていった歴史をもっています。しかし、そうであれば日本の森林率は昔ほど高くなるはずなのに、明治維新期に「二割九分」というのはおかしいのではないでしょうか？

　もう一つは、現在の日本が世界のトップ3にはいる森林国なのなら、木材自給率が農産物自給率よりも低いというも不思議です。これもどこかおかしいのではないでしょうか？

　ここでは、日本における「土地の利用」における以上2つの不思議を考えてみます。

# 第2章

# 「はげ山」に囲まれた明治維新
## ——土地の「利用」をめぐる「今と昔」——

## キーワード

草山、はげ山化、人工林、燃料革命、農林複合

## ◆はじめに

　本章では、明治政府初代山林局長・桜井勉の「(日本の)山林比率は二割九分」という証言を切り口にして、日本近代の出発点における農業環境をみてみたい。

　日本は世界でも有数の山国である。その山地比率は7割強にのぼるから、「山林比率は二割九分」ということは、国土の4割強・山地のほぼ6割が「はげ山」であったことになる。人による開拓が本格化する以前、太古の森林比率は8割を超えていたと推測さ

れていることを考えると、いつのまに、なぜこんなにもすさま
じく「山が荒れてしまった」のだろうか。

　他方では、現在の山々に「はげ山」の姿を見ることは稀であ
る。統計をひもとけば、山林比率は約67％とある……今ではす
っかり、山々は木々に埋め尽くされたことになる。これもまた
不思議であろう？

　本章の課題は、農業の動きを軸にして、日本の二大地目であ
る山林と農地の「利用レベルの相互関係」をみつめることであ
る。それが、日本農業の特質、その歴史的な現われの一端を明
らかにするはずである。

## 1 ｜ 日本近代──「山林比率二割九分」からの出発

### ◆ 初代山林局長の証言から

　明治初年の山林比率は「二割九分」、桜井の在任期間は明治12
（1879）年5月16日〜13（1880）年3月15日なので、この数値はその
頃の状況を示すものであろう。この事実を知らしめたのは、古
島敏雄氏を代表とする共同研究『日本林野制度の研究』（1955年、
東京大学出版会）であった。同書によれば、「…山林面積が全土地
の二割九分として計上されている。この山林も大半が未開発林
であるといえるから、幕末の林野が、肥料・飼料の採取と放牧
地として、農民の手で管理使用された、連々として続く草山で

占められていたということは疑う余地がない」という。

「二割九分」という数値の根拠が示されているわけではないし、「山林」とはどのような状態にあるものをさしているのかもよくわからない（実際、現在でも各国の山林基準が大きく異なっているので、厳密な比較は難しいという）が、少なくとも、「（近代国家建設に寄与できるレベルの）森林を保育する」責任を負った初代山林局長には、「山林とよべるもの」は「二割九分」しかないと見えたことは間違いないであろう。

なお、「山林」とともに「森林」という語を使ったが、ここでは「山にある森林＝山林」という意味である。平野部が少ない日本では、耕地の拡大が平地林の大部分を消滅させてしまったため、森林はほぼ山地に、すなわち「山林」として存在することになった。

## ◆ 今や世界トップ級の森林国＝日本

そして今、実際に日本の山の多くは緑豊かに覆われている。豊かな森は観光資源にもなっており、急速に増えたインバウンドからは、しばしば「開発に抗して森を守ってきたこと」に賞賛の声が寄せられている、という。事実、現在の「森林比率」は約67％で、世界のトップ・スリーにはいるのである。

そうなると、たちどころに、次のような疑問がでてこよう。
　①古来8割を超えたという日本の森林は、なぜ、どんな過程を経て「連々として続く草山」になったのか？
　②一般に「近代化」の過程は森林資源を大量に消費し森林面積を減少させると言われているが、なぜ日本では逆に、山

林が激増したのか？

③世界最高レベルの森林率を誇る現在の日本が、農業（2017年度37％）よりも低い自給率（同・木材自給率35％）を余儀なくされるのはなぜか？

実は、以上のことは、農業および農村経済のあり方と密接に関係している。以下では、これらの問題について考えてみたい。

## 2 近代以前の「農業（人）と山」

### ◆ 日本（中耕除草農業）における農業と山

すでに第1章に目を通した読者には、山林が「減った理由も増えた理由も」推測可能かもしれない。少なくとも近世の日本では、農民が利用可能な山はほぼ全て「草山」として管理されていたからである。したがって先に「はげ山」「山が荒れた」などと記したのは必ずしも正しいとはいえない。それが妥当するのは、「草山」として管理（再生・維持）することができず荒らしてしまった、近世末から明治初年のいわば特殊な時代状況においてだからである。

ただし「草山」とはいっても、「奈良の若草山」をイメージすると間違ってしまう。山は肥料源としてのみならず、燃料源（炭や薪）としても、竹木を調達する場・林産物を採集し獲得する場（農業資材・生活資材）としても、また、夏場には牛馬を休ませる木陰としても必要だったからである。あえて例えれば、草と

疎林からなる「サバンナ」のような山姿であったといえようか。

　では、どの程度の草山が必要だったのであろうか？風土条件によっても違いがあるであろう……「日本は温暖多湿」とはいっても地域差は大きいし、土質や地形の差、他の肥料の有無なども大きな影響を与えるからである。他方、商品経済の進展にともない各種の購入肥料が提供されてくると、草山の必要度も変わる。地域差と時代差があるから一律に論じるのは難しいが、以上のような違いと変化を頭におきつつ、草山の具体的な存在形態を、事例的にみてみることにしよう。

◆ 草山の規模と内容──事例の紹介

（事例1）水本邦彦『草山の語る近世』（山川出版社、2003）
　……近世初期の信濃国飯田藩領（現長野県）
　これまで、「生産と生活の必要に即して山林を人為的に管理・制御した山のありかた」を「草山」とよんできたが、具体的な用途に応じて、草山とともに芝山・柴山などと、より具体的に区分されている場合もあった。
　水本によると、17世紀（江戸時代の初期）における飯田藩領脇坂氏の所領97カ村の植生分布は次のようであった。「草」はススキ・チガサ・ササなど、「芝」はシバ、「柴」はハギ・馬酔木・山ツツジ・ねじ木・黒文字などの灌木をさすという（水本邦彦『草山の語る近世』山川出版社2003、21頁）。

　①　草　　　　　　　　　　（面積割合　4.1％）

千葉徳爾『増補改訂　はげ山の研究』そしえて、1991 年刊行より

② 芝　　　　　　　　　（　同　26.8%）

③ 柴　　　　　　　　　（　同　23.7%）

④ 草＋柴　　　　　　　（　同　9.3%）

⑤ 草＋松＋雑木　　　　（　同　1.0%）

⑥ 柴＋雑木　　　　　　（　同　7.2%）

⑦ 雑木　　　　　　　　（　同　10.3%）

⑧ 雑木＋檜・栂など　　（　同　11.4%）

⑨ なし　　　　　　　　（　同　6.2%）

　　　　合　計　　　　（　同　100.0%）

　これによれば、高木のみで覆われている⑦⑧（森林としておこ
う）は21.7%にすぎない。他方、草や灌木のみで覆われているも
の（①②③④）は63.9%となる。これらが混交した⑤⑥が計8.2%
を占め、これ以外に「なし（はげやま）」と記された⑨（6.2%）が
あった。すなわち、江戸時代初期の飯田藩領では、草・芝・柴

などに覆われた山が三分の二近くを占め、同様の役割を持つ⑤
⑥も加えれば、実に7割を超えていたのであった。

　なお、「草」面積に比べ「芝」「柴」のウエイトがはるかに高い
が、これは、山資源を、農業（肥料）よりは生活（燃料）に向けてい
る山村だからであろう（燃料は販売されていたのであろう）。


（事例2）所三男『近世林業史の研究』（吉川弘文館、1980年）
　……近世中期の信濃国松本藩領（現長野県）
　ここでは「田1反あたり必要面積」を「刈敷・秣（まぐさ）」につ
いてみてみよう。


　　享保11年（下坂村）　上田1反につき刈敷30駄～下田35駄位
　　宝暦3年（高出村）　田1反につき木葉刈敷は15駄、草刈敷は
　　　　　　　　　　　　30駄～32駄
　　　同　　（浅間村）　田1反につき刈敷は10駄～15駄ほど、馬
　　　　　　　　　　　　肥10駄ほど
　　安永7年（今井村）　田1反につき刈敷20駄・馬肥15駄、柴入れ


「1駄の採草に必要な山野地積は5～6畝」であり、「田畑平均反
当り20駄の柴草を採るためには、田畑反別の10～20倍という林
野が必要」であり、加えて「薪炭の消費が1戸当たり年間20～30
駄」とのことだから、必要林野面積は膨大なものであった。享
保11年（下坂村）のデータを使って、「耕作面積5反」の農家が必
要とする林野面積を試算すると次のようになる。
　「反当り芝草20駄」という数値を使うと、5反農家は100駄の柴

草を必要とし、必要林野面積は50〜100反となる。さらに、薪炭消費量は1戸当たり20〜30駄だから20〜30反となり、合計すると70〜130反……1戸当たり100反（10町歩÷10ha）ほどになる。

　農業の拡大につれて、おそるべきスピードで草山・柴山が増えたことがわかるであろう。

　先の「山林比率は二割九分」とは、このような急激な変化の、いわば到達点であったといえよう。

◆ 災害・紛争──諸問題の顕在化

◇「天井川」の形成が災害を激しくした

　林地が広範に草地化すると、災害をよぶ。裸地になれば降雨にともなう土砂の流出量も流出スピードも増すからである。とりわけ深刻だったのは「天井川」の形成である。天井川とは川底が周囲の土地よりも高い川のこと、天井川化する原因は「土砂流出と河川流路の固定」であり、次のように形成される。

　①上流から送られてくる土砂が増え、河川が徐々に埋まる。②堤防を高くして対応するが、土砂流出が止まらなければ再び河川は埋まる。③その繰り返しで作られるのが、川床が周囲の土地よりも高くなり、河川自体が地上高く浮かんでしまった天井川である。天井川が破堤すれば、川の水全部が流れ落ちるのだから被害は甚大であった。

◇資源不足は隣村も同じ──入会地紛争の多発

　農地が増えれば当然草肥不足になり、入会地をめぐる紛争が多発した。

　草山は入会地として管理され、入会地は現代の法律用語では「総有」……誰のものでもない「共同体」全体の土地である。

　それが入会地としての機能を維持していくため、村（同じ共同体）の農民の利用にも、村と村の間（複数共同体の間）にも、利用形態に即して「入会」規則が定められる。しかし、にもかかわらず「不足」する事態が起こってくると、背に腹は代えられない。徐々に「脱法行為」が引き起こされることになる。典型的には村と村（共同体と別の共同体）との、「脱法行為」の応酬や暴力沙汰が頻発する……「草肥」に依拠した伝統的農業は危機に立ち至るのである。

◆ 金肥（購入肥料）の普及──草山不足の解決策

　その危機を緩和したのが、地域と業種を超えて生み出された新しい肥料……すなわち購入肥料（金肥）の普及であった。主なものは、鰯（いわし）漁と結びついた大量の干鰯（ほしか）（干したイワシ）や、菜種油の生産にともなう菜種粕や綿花の生産にともなう綿実粕などの、農村加工業が生み出す多様な残渣（粕）の肥料化であった。いずれも草肥にくらべ取り扱いがはるかに簡単であるうえ、速効性（肥料効果が速く出る）であることが歓迎された。

◇ 干鰯（ほしか）の大流通
　爆発的に普及したのが干鰯（ほしか）であった。なかでも綿花栽培における肥効が高く評価され、大坂をはじめ畿内の綿作地域は競って買い求めることになった。粕肥料はあくまで主業の副産物（粕）だから自由に生産を増やすことはできないが、鰯は操業次第で

増産可能であり、房総半島をたちまち鰯漁と干鰯生産の一大拠点にした。さらに、生産が大規模化すればコストも下がり、価格が下がれば、需要もさらに増える。まさに市場経済を通じて江戸時代後期を代表する金肥（購入肥料）へと成長したのであった。

◇ 農業・林業のあらたな形態

　大坂農村（綿花栽培＝商品生産）に、遠く離れた房総半島から大量の販売肥料（干鰯）が供給される……自村の「草山」に依拠した農業とはまるで違う農業が登場してきたのである。これにより草山への負荷は確実に減少した。

　また、商品性をもった木材を生産するために植林が行われ、それにふさわしい「成育段階に応じた施業・管理」が行われるようになった（吉野林業が有名）。このようなところでは「林業本位の林地利用」が要請され、これまでとは逆に、「林」の側から農民の入会的利用に対する制約が求められることにもなった。これも、商品経済の発展にともなう新しい動きであった。

　以上のように、複雑な経路をたどりながら行きついたところが、先の森林局長の発言であった。殖産興業政策下で強められてきた良材への需要、それに裏打ちされた「林」の側の能動性が、森林局長をして現状が危機的であることを自覚させ、「これからの山は第一に木材生産のために位置付けるべき」ことを強く決意させたのだと思われる。山をめぐる「近世から近代への転換」であった。

# 3 | 現代──「激増した山林」の管理をめぐって

## ◆「山の近代」の模索

### ◇ 火入れをめぐる農と林の対立

　草山は、草肥源としてだけではなく飼料源としても使われていたし、燃料源や営農資材・生活資材を確保する場でもあった。このような事情からすれば、たとえ肥料や生活資材が外部（市場）から供給されるようになったとしても、農民にとっての山の意味が無くなることはなかった。市場から供給される諸資材が多くなったとはいえ、農家経済からみれば「自給経済（を支える山）」のもつ意味は依然として大きなものであった。

　「草山を守る」ため、あるいは「焼き畑農業の継続」のために、農民は冬の終わりには必ず「火入れ（野焼き・山焼きなどともいう）」をした。火入れが植生をよみがえらせ、草を生やし、畑の新たな実りを支えるのである。しかし、林業の側からすれば、生育過程の木々に被害を及ぼす行為を許すわけにはいかない。したがって、「火入れ」をめぐる対立、すなわち、「山を林業地にしようとする国と一部林家」と「草地的利用・農業的利用・生活的利用を継続しようとする農民」との対立が、幕末から明治期に至る「山をめぐる大きな社会問題」になった。

### ◇ 近年の反省……火入れ禁止は必要なかった？

　しかし近年では、「火入れが林業に被害をもたらす」という当

時の国家や林業家の主張は、西洋林学の考え方を鵜のみにした誤解であったと考えられている。「雨量が数倍もある日本では、火入れは植生を悪化させるという西欧の常識は妥当しない」というのである。これを本書のテーマに即して言い直せば、それは「冷涼・乾燥の休閑除草農業地帯」における「真理」ではあっても、「湿潤・温暖の中耕除草農業地帯」に妥当するものではなかった、と表現できるかもしれない。

他方、「温暖・多湿条件では草原管理は困難」という主張も、林地化の促進剤になった。この指摘をした高橋佳孝は、「だからこそ、かかる悪条件を克服して長期にわたり草原を維持してきた先達にこそ深く学ぶべき」だという。それは、同じ条件を逆に、「植生回復力の強さとしてプラスに転化しうる技術の習得につながる可能性があるから」である。

これもまた面白い指摘であろう……「発展」とは「屈折」に満ちた過程のようである。


◇ 山を牧野にはできなかったか？

他方、近代化は肉食や畜産振興を要請したから、山が畜産と連携をとること、すなわち「山を牧野として位置づけ直す」途も政策的にはありえた。しかし現実には、牧野もまた縮小の途をたどり、山は林地として純化してしまった。

この事情と過程を、畜産経済学の第一人者でもあった梶井功はおよそ次のように述べている。

〝〈連々として続く草山〉はすでに失せていたにせよ、1937（昭和12）年の時点では、林野面積のわずか7％たらずではあるが160

万haが牧野として牛馬産地に集中的に残存していた。……主な
道府県を記すと、北海道（実面積最大＝49万町歩）・岩手（林野率最
高＝24.6％）をはじめとして、熊本・青森・秋田・岡山・大分・
広島・島根などとなる。いずれも馬および和牛の飼養が集中し
ている地域である。しかし、これらの牧野も減少を止めること
はできなかった。それは日本の畜産の利益率が低く畜産地代を
支払えないレベルであったからである……林業では、近代化に
ともなう都市人口の膨張にともなう木材需要のたかまりが林業
採算を向上させたからであった。と。

　牧野（畜産）は林業との競争に勝てなかった……これが戦後の
日本畜産の発展が、牧野を欠き、粗飼料を輸入に頼る「加工型
畜産」になった背景であったというのである。

#### ◆ 大規模植林の時代へ──人工林1000万haという偉業

　湿潤・温暖な日本でも、土壌や地形によっては、森林を回復
すること自体が困難な山もあるが、山の多くは放置しても「林
地化する再生力」をもっていた。したがって、植林のみが林地
化をすすめたわけではないが、現代世界で「森林率トップ3」に
はいるには、植林の力が決定的であった。

　実は、今の日本は1千万haという世界に誇る巨大な人工林を
もっている。次に、この植林過程をみてみたい。

#### ◇ 大規模植林を可能にした条件＝農民に「時間」ができたこと

　以下に記したのは、林政総合対策協議会編『日本の造林百年
史』（1980年）にもとづき、10年ごとの造林実施状況は整理した

ものである。右側に示されている数値は、各10年のなかでの「造林面積最小値」と「同最大値」である。10年間の合計数値ではないので少しわかりにくいが、全体の趨勢を知るものとしてみてほしい。森林法が制定されたのは1897（明治30）年のことであったが、系統的な造林に取り組むのは、明治半ばに「再造林」すなわち「天然林を伐採しその跡地に植林する」という植林スタイルが考案されてからにことであった。

　興味深いのは、明治後期に造林事業が定着したのは、「貨幣経済の浸透と金肥の出現が農民を年間100日に及ぶ採草労働から解放」したからだと指摘されていることである。いくら植林をよびかけたとしても、農民が肥料を草に求めている時代には農民の負担が大きすぎ、大規模植林は不可能だった……「肥料を買えるようになったから」こそ大規模植林が「歴史上初めて現実化」したのである、と。

　これまで「草山の需要が減ったから林地が増えた」と述べてきたが、実際には、「農民が植林の為に割く時間的余裕」こそが必要不可欠であったのである。すでに前節を目にされたみなさんには、「なるほど」であろうか？……ここでも、「物事は万事がつながっている」のである。

　1900年代（明治34〜43年）　　　＝ 9万4922〜11万5859町歩

　同10年代（明治44〜大正9年）　＝ 8万4775〜15万8330町歩

　同20年代（大正10〜昭和5年）　＝ 9万6840〜11万3988町歩

　同30年代（昭和6〜15年）　　　＝10万1193〜15万3071町歩

　同40年代（昭和16〜25年）　　　＝ 4万7221〜34万2100町歩

　同50年代（昭和26〜35年）　　　＝32万5663〜43万6283町歩

同60年代（昭和36〜45年）　　＝34万8811〜41万5035町歩

同70年代（昭和46〜55年）　　＝ 9万0737〜33万6697町歩

◇ 戦時の急増を経て戦後のピークへ

　この一覧表では十分読み取れないが、植林は戦前期に顕著な増加をみせ、1941（昭和16）年には、過去最高の27万7703町歩という造林成果をおさめた。さらに翌42（同17）年には、その水準を大きく超え、戦前期最高の34万2100町歩を実現した。そして、戦時末期の1943（同18）・44（同19）年は労働力事情が悪化していたはずであるが、にもかかわらず、それぞれ25万1326町歩・22万0982町歩という大きな実績を残したのであった。

　敗戦後の2年がボトム（それぞれ4万7221町歩・4万7448町歩）になった。もちろん混乱の最中であり、山中に切り出された材木が放置されていることや、それを売り払って大儲けした話が各所に生まれるような状況であったから、とても植林どころではなかった。

　しかし「復興」がこの時代の国民的スローガンになるなかで、再び植林熱は急激な高まりをみせる。1954（昭和29）年には、戦前期ピークの1942年を上回る43万6283町歩の植林実績をあげたのである……これが現在に至る（おおげさにいえば日本林業史上における）植林実績の最高値である。

◆「林業の時間」は世代を超える

◇世界に誇る大人工林

　明治中期以降、毎年地道な植林努力が重ねられた結果、1980年頃には「世界に冠たる1000万haの大人工林」が形成された。

植林されなかった山地の多くも「木だらけ（これは湿潤・温暖のゆえである）」にはなり、日本の山は江戸時代の「草山」からまさに一変したのである。なお、人工林の樹種は、成長が比較的早く真っすぐに伸び建築材としての適性が高い杉（第1位）と檜（第2位）が中心であった。

しかし、毎年生産物が収穫できる農業とは異なり、林業は最終生産物である丸太を切り出すまでに数十年を要する。これが林業経営の根本的な難しさであった。苗木を植え（植林）、それが成長するのにともない「間引き」してさらなる成長を助け、「枝打ち」して真っすぐに育て、最も健康なものを最後に残して（間伐）育て、杉・檜であれば4～50年ほどして「伐採」する。植林から丸太にして販売するまでに半世紀近くを要する世代を超えた大事業なのであった。

◇ 燃料革命＝プロパンガスがもたらしたもの

丸太として売るまでに数十年かかるにしても、この間に収入が無いのではなかった。間伐した木々は、時期に応じて各種の木工品に加工され販売された。比較的大きくなれば材木としても流通できたし、小さなものも木工品や燃料に回し、これも収入源になったのである。

そのような「世代を超えた」継承システムに大打撃を与えたのが「燃料革命」……プロパンガスの登場である。薪も炭も売れなくなり、育林過程を支える大切な収入源を失った。密植した苗木を適宜間引き・枝打ちしながら、残された優良木を大きく真っすぐな丸太材に時間をかけて育て上げるという伝統的育林方法は、それを支える基盤を崩されたのである。

　おまけに1963 (昭和38) 年の西日本は「三八 (サンパチ) 豪雪」とよばれる大雪に見舞われた。村外との行き来すらままならぬ状況が山村の「不便」をクローズアップした。「昭和38年」は山林過疎化の本格的開始年として知られている。


◇ 放置された人工林

　その結果、「世界に冠たる人工林」の多くが手入れされぬという状況が生まれた。適切な間引きがなされないと、密植状態のまま生育し、ひょろ長く伸び根は張らない。これでは丸太材にはならないうえ、根の張らない木々は土壌を把握できず、大雨が降れば一気に崩れ落ちる。これが近年多発している「見事な人工林が一気に山崩れを起す」原因だと言われている。

　明治以降長い間努力を重ねてきた植林、しかもやっと伐期を迎えつつあった (「はじめて本格的な収入になる」ということである) 人工林をめぐる諸環境が1960年代に暗転し、山村経済を支えるどころか、災害の原因を疑われることにすらなったのである。大植林を通じて、世界トップレベルの森林率を誇るに至った日本が、それにも関わらず木材自給率は3割台という恐るべき低水準にあることの第一の原因はこれであった。

　さらに、立地条件とテクノロジーにかかわる問題もある、という。外国の主要林産地は広大な平地林であるが、日本の林業はことごとく山 (それも険しい) に立地していることである。そして、「山に追い込まれた森林」とは、これまでみてきたように、まさに「日本農業史」の産物であったのである。

　林業地が険しい山地であることは、切り出し・搬出自体がコ

スト高になるうえ、集材規模すなわち市場規模が小さくなり、この点からもコスト削減が困難になる。また、山と気象が大陸諸国のように「巨大で均一」ではなく「小さく多様」であることが木材の質を標準化するうえで大きな難点になる……「小さな自然」はこんなところにも影響を及ぼしているのであった。

◆おわりに——農林複合の途の模索へ

最後に、林業の新しい動きを記しておこう。

近年、林業好転の動きがみられるという。林業従事者はなお減少傾向にあるとはいえ34歳以下の若手労働力に限れば増加傾向（1990年6339人・全従業者に占める比重6.3％、2010年9170人・17.9％……2015年は若干減った）にあり、木材自給率もボトムであった2000・平成12年の18.2％から2015年・同30年には32.4％まで回復したのである。そうであれば、日本の環境に適した、林業の再生産スタイルを改めて性根をいれてつくる必要があり、またその条件が整ってきつつあるといえるのかもしれない。

自給率が増加に転じたのは、国内産への関心の高まりが輸入を減したことに加え、アジア（多い順に、中国、フィリピン、韓国、台湾）を中心に輸出が増えたからであり、スギ・ヒノキでは加工技術が評価され、とくに内装材として好まれる傾向が強まってきたからだという。

日本の第一次産業にあって、林業が、内需の拡大と海外での高評価が並行し、若手従業者の増加がみられることが注目される。もっとも、経済構造上も土地利用上も、むしろ森林資源国であってもよいアジア諸国への輸出が伸びていることには、大きな危惧も抱く。それぞれの国・地域における「ある歴史時点」で、

各々の森林の再生産能力が大きく傷つけられたのことの影響かも
しれない、という危惧である。……もしかすると、簡単に再生す
ることが容易ではない第一次産業に関心をもつ私たちは、日本に
輸出する国々のみならず日本から輸入する国々の状況にも十分な
関心をもつ必要があるかもしれないのである（こぼれ話9参照）。

◎用語解説───────────────
**農業と農**：しばしば農業とは別に農という表記が使われる。農業＝第
　　一次産業、工業＝第二次産業、商業＝第三次産業といわれるよう
　　に「業」とは産業のこと。農業とは「農業という産業」という意
　　味であり、「産業的自立をめざす」ことを示す言葉でもある。し
　　かし農業をこのようにとらえてよいのかという批判が以前から
　　ある。自然の中での生き物を相手にした営みであり、それが喜
　　びをうみ環境を整え景観も文化も生む……これら総体の豊富化
　　が目標であり、むしろ産業化（過剰な経済中心主義）はその阻
　　害物だという見方である。このような立場から用いるのが「農」
　　という表現である。
　　　本書では必ずしも両者を峻別せず、「農」の見地をベースにし
　　ながらも「経済的営み」であることを明示する「農業」も使っ
　　ている（ただし産業化という意味では使っていない）。

◎さらに勉強するための本───────────
水本邦彦『村─百姓たちの近世』岩波新書、2015年
野田公夫『日本農業の発展論理』農文協、2012年
木村茂光編著『日本農業史』吉川弘文館、2010年

## 農業史こぼれ話 2

### 鉄砲を封印した日本人——パックス・トクガワーナの農業・農村（1）

　パックス・トクガワーナとは、「徳川統治下の長期続いた平和」という意味である。戦のたびに、農民は大きな犠牲を被ってきたのだから、戦国の世に結末をつけた江戸時代とは、人々が「平和の豊かさ」を初めて実感できた時代であった。世界の歴史のなかでもめずらしい「長期の平和」が、農家・村・農業などにかかわる知識・制度・慣習などを豊かに育て、世界市場と近代化の衝撃を受けとめ得る力を築いたことは間違いなかろう。

　かつてノエル・ペリンの小冊子『鉄砲を捨てた日本人——日本史に学ぶ軍——』（中公文庫 1991 年）に接した時は驚いたものである。「日本人が鉄砲を捨てた」などと考えたことがなかったからである。ただ使うチャンスがなくなっただけ・・恐らくはそんなふうに思っていたはずである。

　「やっぱりビックリだ」と思い直したのは、その後藤木久志『刀狩り——武器を封印した民衆——』（岩波新書 2005 年）を手にした時である。たとえば次のような記述があった。〝1638 年の天草一揆の際、一方から「百姓の鉄砲三二四挺、刀・脇差一四五十腰、弓・鑓少々」を没収したが、村から「田畠の作物を荒らす鹿の被害がひどいので、獣害対策用に鉄砲を返してほしい」と請われたので、鉄砲のみならず没収武器全部を返還した〟と。これであれば、「（最強の）武器」である鉄砲をあっさりと「農具（！）」に転用してしまったことになる。ノエル・ペリンの「捨てた」話よりもすごいかもしれない、と。

　また、江戸時代後期には百姓一揆が増え、場合によっては緊張感も高まったはずだが、村がもつ大量の鉄砲はここでもまったく使われなかった。「いつしか鉄砲不使用の原則が生まれ」（同 173 頁）、「百姓も領主も、たがいに鉄砲は使わない……ふたたび戦国内戦の惨禍にけっして逆戻りしない、という社会の合意が成立していた」（同 175 頁）からである、という。これには本当に恐れ入ってしまった。なぜ「お互い」がそんな気持ちになるのか？と。

　なお、武器の使用が極端に減った江戸時代には、鉄の需給バランスが崩れ、鉄価格が大幅に下落する。それが「鉄の民生利用」とくに鉄製農具の安価な供給を可能にしたという。その代表格が、3〜4本の鉄製爪をもち、従来の鍬より深耕できる備中鍬の普及だった、と聞いた。備中鍬は簡単な農具でありながら、当時一般的だった犂（長床犂）の耕深ほぼ3寸と互角の耕転能力があった・・これが日本では、「畜力を用いる犂耕」が「人力の鍬」を駆逐できなかった（これも西欧農業とは大違いである）大きな原因であった、というのである。そのように教えてくれたのは、飯沼二郎氏であったように思う。

　そうであれば、パックス・トクガワーナは、「鍬に支えられた農民的農業」を爛熟させた基本条件でもあった。歴史的な出来事には、意外なつながりがあるものである。

（引用参考文献）　本文中に記載

—

# ギモンをガクモンに

## 「日本は古来瑞穂の国」って本当?

　水田と稲作は長い間日本農業の中心に位置づけられてきました。
　その実績は明瞭ですから、しばしば「日本(温暖と梅雨)は稲作の適地」
と言われます。

　しかし、種苗会社にいた友人は、「農業適地の条件」として「豊かな日差
し」「適切な乾燥」そして「潤沢な水」の三つをあげていました。それを聞
き、「雨が降る」と「水が潤沢」とでは意味がまるで違うことに気づき、な
るほどと思ったものでした……「高温・多湿」では病気が怖いですが、「日
差し・乾燥・水」なら確かに健康的な環境でしょうから。

　他方現在は、米が余り、長い間「減反・転作」が続けられてきました。
みなさんは「減反(稲作付の強制的削減)」と一緒に過ごしてこられたわけ
ですから、減反のなかった「大昔」こそ水稲中心の農業だったと思ってお
られるかもしれませんね。

　本当はどうだったのか、そして、それはなぜなのか、知りたいとは思い
ませんか?

第3章

# 水田農業化の近代
## ——農地とその「利用」をめぐって——

キーワード

畑地農業、水田農業、水田中心主義、水田二毛作、減反・転作、
水田利用再編

◆ はじめに

　前の章では「農地と林地の利用関係」に注目しつつ日本農業
と国土利用の変化を概観したが、本章では「農地自体の利用内
容」変化を、主に「畑と水田の関係」を軸にみてみたい。

　日本の米は古くから国家の関心を集めたため、公的な記録に
残されるのは水田農業・稲作ばかりになった。したがって、近
年の農業史研究における大きな論点は、「不当に無視されてき
た畑作の実態を明らかにし、日本農業史のなかに、それに相応し

い位置づけを与える」ことにある。

　ただ、これはその通りであるが、「国家の眼」とは別に、水田農業がいわば〝環境形成型・中耕除草農業の典型〟として日本の風土に適応していたということが軽視されてはいけない。だからこそ国家が頼ることができ、近世以降とりわけ近代には庶民の「主食」になることができたともいえるからである。

## 1 ｜ 近世以前──畑作の豊富さを捉えられなかった研究史

　第1・2節では、主に木村茂光編著『日本農業史』吉川弘文館2010年に依拠して、伝統社会の農業状況を概括する。

### ◆ 古代・中世農業について

#### ◇ 国家の側の無関心

　先にみたように、古代以来一貫して、国家にとって「稲は別格」であった。本書（木村）の説明を聞こう。

　『日本書紀』以後の正規の歴史書は、なんの説明もなく「穀」という字で「稲」を意味していた。このような意識から編纂された記事のなかに稲以外の作物を見出すのは難しい。この傾向は古代国家だけではない。中世国家の土地台帳である太田文をみても、現存する13か国中、畠数が記載されているのは1国のみである。つまり、国家が、「穀」を「稲」と区別もせず、畠作物や畠地の記載もない、という無関心状態が続いてきた、というのである。もちろん、近世においても「年貢」としての米は特

別な存在であり続けた。

　これに対して近代は、「腹いっぱい飯を食べたい」という庶民の欲求が膨れ上がった時代であった。米に税としての意味はなくなったが、明治の国民国家はこの欲求に応える必要があった。したがって理由は変わったものの、ここでも米作重視は農政の基本であり続けたのである。


◇ 畠作で支えられた庶民の生活

　近年の畠作研究は次のような成果をおさめつつあるという。


①畠作史・畑作村落の研究。ここでは古代・中世における雑穀栽培の多様性が明らかにされてきており、「畠地二毛作」や「山畠」「野畠」などの研究もすすんできている。

②山村史の研究。国土の約7割が山地であるにもかかわらず、山村に関心が向けられることは少なく、「後進的」とか「特殊」などと受けとめられる傾向が強かった。近年は、「複合的な生業のシステム」という、「水田＝稲作中心の世界」では捉えられない社会・経済のあり方が解明されつつある。「生業」とは、山野河海の様々な「資源」を活用した種々の行為・なりわいのことである。

③稲作史・畠作史・山村史などを複合的にとらえる「生業」論が提唱されており、ここから「多様で豊かな日本における生業展開」を解明するという、従来本格的に解明されてこなかった新たな研究領域が見えてきている。

なおこの時代、「畠と畑」が使い分けられていた。畠は田との

対比のなかで作られた字で、水田の周囲に存在した常畠（乾いた田）をさすが、畑は「火の田」であるから焼畑をさすものだったという。

◇ 中世農業の革新

　中世は二毛作が登場したことで知られている。12世紀初頭には確認されており、その後、水稲（表作＝夏作）のあとに植える麦（裏作＝冬作）をさす「田麦」という言葉が登場してくるという（現代流にいえば「米麦二毛作」である）。なお、水田二毛作だけでなく、畠の二毛作も生まれたとして、油糧作物であるエゴマと麦の例が紹介されている。

　ただし中世に二毛作が普及したという見解に対しては、近年の気候史研究から、「寒冷化で不安定化した生産を補うための苦肉の策としての二度植え、三度植えであり、生産力の発展を示す二毛作化とは別もの」という批判がでている。私自身は判断できないが、「分析手法の革新がうんだ新たな論争」として興味深い（こぼれ話1）。

　もう一つは、木綿栽培の開始である（植物としてのワタをあらわす「棉」の字も使われていたが、本書ではすべて「綿」と表記した）。

　木綿生産が軍事的見地から幕府や大名の関心を集めるとともに、衣料として庶民の間に急速な普及をみたのである。

　幕府や大名の関心は「兵衣」「（銃の）火縄」「（船の帆につかう）帆布」だったというからまさに軍事的需要であったが、16世紀末から17世紀初頭にかけてのいわゆる「木綿革命」において庶

民衣料としての地位を確立したのである。従来の麻に比べ肌触りも吸湿性も保温性も染色性もすぐれていたから普及は急速で、江戸時代のごく初期（1628年、江戸幕府の定書）には「百姓の着物の事、百姓分の物は布・木綿たるべし」とされる状況になった。年貢である米とは違い、木綿は生産物の大部分が販売される代表的な商品作物になったのである。

## ◆ 近世の農業——環境形成型・中耕除草農業の爛熟

### ◇ 愛媛県の農書「清良記」にみる作物種類

　『清良記』は江戸時代初期に成立した伊予国（愛媛県）宇和郡の農書である。近世初期の一事例として同農書におさめられた作物種・品種をみる（表3-1）が、その多様さに驚くであろう。

　稲品種の合計66のみならず、大麦・小麦およびきび・あわ・ひえが各12、合計60種にも驚かされよう。豆類も別分類されている小豆・大角豆を加えれば計54、芋類も24、その他野菜類も多彩である。

　また「木類」として30種があげられている。柑橘以外の果樹や茶とともに、松・杉・ひのきなど木材用だと思われるものも、油木・うるし・はぜなど原料採取用の樹種もある。しい、かし、くぬぎは救荒対策としての役割も持たせたのであろう（第9章）。桑があるが、養蚕製糸業が産業革命の一端を担った近代（統計上も耕種部門から独立）とは違い、この段階では未だ「木類」として一括されていることも面白いであろう。

　以上より、①国家的位置づけがあった稲だけでなく、その他の穀物や食用作物が実にたくさん栽培され、関心も集めていた

## 表3-1　『清良記』に取り上げられた作物種と品種

| 作物名 | 詳細な作物名 | 品種数(作物数) | 作物名 | 詳細な作物名 | 品種数(作物数) |
|---|---|---|---|---|---|
| 早稲 | | 12 | ひゆ類 | | 6 |
| 疾中稲 | | 12 | あかざ | | 1 |
| 晩中稲 | | 12 | 箒草 | | 1 |
| 晩稲 | | 24 | 紫蘇 | | 1 |
| 餅稲 | | 16 | たで | | 6 |
| 畑稲 | | 12 | からむし | | 6 |
| 太米 | | 8 | 夕顔 | | 9 |
| 大麦 | | 12 | 瓜類 | 瓜類、きゅうり、まくわうり、西瓜、など | 12 |
| 小麦 | | 12 | 茄子 | | 12 |
| きび | | 12 | 牛蒡 | | 3 |
| あわ | | 12 | 水草類 | はす、くわい、ひし、まこも、しょうぶ、つごも、がま、いぐさ | 8 |
| ひえ | | 12 | かつら類 | ぶどう・朝顔、わさび、またたび、あけび、ほどいも、ところ、など | 12 |
| そば | | 2 |
| 豆類 | ふじまめ類、大豆類えんどう、そらまめ、など | 24 | くこ | | 1 |
| 小豆 | | 12 | うこき | | 1 |
| 大角豆 | | 18 | むくげ | | 1 |
| 芋類 | 里芋類、ながいも類、むかご、さつまいも、こんにゃく、など | 24 | ゆり | | 4 |
| | | | からしな | | 4 |
| 五辛類* | にんにく、ねぎ、にら、あさつき、らっきょう | 16 | 紅花 | | 1 |
| 胡麻 | | 12 | 木綿 | | 1 |
| 藍 | | 4 | 生姜 | | 1 |
| 大根 | | 8 | 唐辛子 | | 1 |
| かぶらな類 | かぶ類、小松菜、ほうれん草、からし菜、など | 16 | 山椒 | | 1 |
| ちしゃ | | 8 | 菊 | | 4 |
| ふき | | 2 | 木類 | つばき、さざんか、油木（油桐）、くるみ、うるし、はぜ、栗、柿、茶、松、杉、ひのき、しい、かし、くぬぎ、桐、桑、あんず、梅、桃、梨、こうぞ、など | 30 |
| みょうが | | 2 |
| 七草類 | せり、なずな、ははこぐさ、はこべ、こおにたびらこ、とめな、かんぞう、かずのこぐさ、からしな、人参、福寿草 | 11 |
| | | | 柑橘 | 柑子、蜜柑、柚、橙など | 8 |
| | | | 竹 | | 6 |

注) 平野哲也「近世」表3、186頁、木村茂光編『日本農業史』、より引用（一部表記を変えた）。

　　*仏教で食べることを禁じられていた5つの辛みのある野菜

こと、②木々・林産物への関心も高く、今流の言葉を使えば「農林複合」として把握されていたことなどがわかる。

　生育期間も利用期間も長期にわたる「木類」は入会関係に組み込まれているものもあり、したがって「入会地」には「草」のみならず「林産物」も豊富に含まれる場合が多い。このことが近代には、「草肥の必要が無くなったから入会権は消滅したとする国家」と、「多様な入会関係の持続を根拠に入会権の継続を要求する地域」との、大きな争点をつくったのであった（第2章）。

◇ 施肥

　表3-2は江戸時代後期の農書に掲載された肥料リストである。ありとあらゆるものが肥料として使われていたといってよいが、第2章でみたような江戸時代における草肥圧力による山の荒廃＝災害の多発を緩和する役割を果たしていたといってよい。

　なおこの時代、城下町—農村間で人糞尿の売買が頻繁に行われていた。たとえば、淀川では多数の肥船が行き来していた様子が伝えられている。下りは野菜を積み町場で売りさばき、帰りは肥を積んで田んぼへ運んだのである（今流にいえば、「農村と都市」の共同・補完による協力と生活環境の確保・保全である。当時日本を訪れた西洋人たちはこの仕組みに驚嘆している）。

◇農書というもの

　日本近世農業は、地域農業テキストとしての多数の農書を生んだ。執筆者には農民以外の者が多く含まれることからその価値を低く見る議論もあるが、何よりも、「農業の地域的性格」へ

表3-2　大蔵永常『農稼肥培論』に取りあげられた肥料

| 肥料名 | 肥料の内容 |
|---|---|
| 人尿 | 小便 |
| 人屎 | 大便 |
| 水肥 | いろいろなもの（魚・食器・風呂・足洗・洗濯）の洗い水。小便も水肥の一種 |
| 苗肥 | 緑肥 |
| 草肥 | 刈敷 |
| 泥肥・土肥 | 池・川・溝の底の泥、越えた土、小便のしみ込んだ土、壁土やかまど・床下の土、油土 |
| 煤肥 | 屋根を葺きかえた後のすす藁 |
| 塵・芥肥 | 塵・芥を積み重ね、腐らせたもの、都市近郊農村は、市中で荷造り後の藁くずや捨てられた縄・古畳 |
| 干鰯（ほしか） | （搾油したイワシを干したもの） |
| 油粕 | （ナタネ油のしぼり粕） |
| 綿実粕 | |
| 魚肥 | 三都や城下町の料理屋で出る魚のはらわたや小魚の頭、魚汁、鳥・獣の腐ったもの、牛馬の骨粉 |
| 厩肥 | 馬屋に敷いて牛馬に踏ませた藁や牛馬の食べ残しの小柴に糞尿が染み込んだもの。馬糞そのものも。 |
| 糠肥 | 米麦のぬか |
| 毛・爪・革類 | 毛は人のものも獣の毛も。牛馬の爪の削りかすや鼈甲の削りくず。皮細工の裁ちくずなど。 |
| 醤油粕 | |
| 干鰊 | 干しにしん |
| 鱒粕 | ますから脂を搾った粕 |
| 鮪粕 | まぐろから脂を搾った粕 |
| 豆腐粕 | おから |
| 塩竈の砕け | 数日使って崩れた塩竈の固まった部分 |
| 酒粕 | |
| 焼酎粕 | |
| 飴粕 | 餅米、餅粟、甘藷などを原料として飴をつくった後の粕 |
| 鳥糞 | |
| 介類の肥 | 貝類 |

注）平野哲也「近世」表2、175頁、木村茂光編『日本農業史』、より引用（一部表記を変えた）。なお（　）内の説明は野田。

の強い関心が生まれたことを示すものとして注目したい。「地域的関心」は農業現場への目を自ずと増し、農民の発言余地を拡大し、種々の参加を促すであろう。これもまた、環境形成型・中耕除草農業のありようを主体的に把握しようとする、新たな段階を示すものといえる。

　これらの農書類は「農書全集全72巻（農文協）」として解説付で刊行されており、同全集別巻『収録農書一覧／分類索引』により「地域別（都道府県・市町村）」「分野別」に整理されている。10冊以上の農書が収録されている都府県をあげれば、石川・福岡（16）、栃木・福島（13）、愛知（12）、秋田・東京（11）、兵庫（10）などとなる。「分野別」とは「農事日誌、特産（産品）、農産加工、園芸、林業、漁業、畜産・獣医、農法普及、農村振興、開発と保全、災害と復興、本草・救荒、学者の農書、絵農書、地域農書」の諸事項であり、収録された諸資料は約700点にもなるという。

　なお、以上はすべて「日本農書全集-農山漁村文化協会」で検索可能である。一度「覗いて」みてもよいかもしれない。

## 2 ｜ 近代以降の農地利用変化
　　　——水田二毛作化という基本路線

　ここでは、主に田畑面積とその利用率の推移を通じて、農業的土地利用の変遷をみることにしたい。

## ◆ 農地面積変化の概要

### ◇ 中世・近世の農地拡大

まずは近代以前の推計値を紹介しておこう（平野146-7頁）。

一つは大石慎三郎（1977）のもの（単位＝万町歩）。

・室町中期（15C半）約95 ・江戸始期（17C初）約164

・江戸中期（18C初）約297 ・明治初（19C半）約305

これによれば室町中期～江戸中期に実に3倍化したことになる。その後、太閤検地（16C末）時点ですでに206-230万町歩であったとの批判（速水融・宮本又郎 1988）が出されたが、程度の差はあれ「近世前半期」に大規模な開拓があったこと（日本農業史上「大開発時代」とよばれる）は間違いない。「小さな自然」の旺盛な開発が進んだのであった。


### ◇ 近現代の農地面積変化

表3-3に田・畑および農地（田畑の合計）面積の推移をまとめた。個々の数値が必ずしも適正とはいえないので、分布と変化の概要を把握するにとどめざるをえない。

1876（明9）〜85（明18）を起点に変化をみると、以後田畑とも開発がすすむが、畑地はすでに戦時下の1940（昭15）年頃にはピーク（約1.45倍化）を迎え以後は漸減し、水田は戦時を経て戦後も拡大を続け、米の過剰が政治問題化（いわゆる「減反」の実施）した1970年頃にピーク（約1.26倍化）に達したことがわかる。両者の合計である耕地面積の動きはその中間、経済復興をほぼなしとげた1960（昭35）年頃に最大（約1.30倍化）となり、その後は

表3-3　明治以降の耕地（田・畑）面積（比率）の変化

単位＝万 ha，%

| | 農地面積<br>（／100.0) | うち水田面積<br>（／同比率) | 同畑地面積<br>（／同比率) |
|---|---|---|---|
| 1876（明9）<br>〜85（同18) | 465.3（100.0)<br>（100.0) | 270.9（58.2)<br>（100.0／100.0) | 194.4（41.8)<br>（100.0／100.0) |
| 1904（明37) | 525.1（100.0)<br>（112.9) | 279.5（53.2)<br>（103.2／91.4) | 245.6（46.8)<br>（126.3／112.0) |
| 1930（昭5）<br>※ | 585.6（100.0)<br>（125.90) | 316.6（54.1)<br>（116.9／93.0) | 265.8（45.4)<br>（136.7／108.6) |
| 1940（昭15）<br>※ | 601.7（100.0)<br>（129.3) | 315.5（52.4)<br>（116.5／90.0) | 281.7（46.8)<br>（144.9／112.0) |
| 1961（昭36) | 608.6（100.0)<br>（130.8) | 338.8（55.7)<br>（125.1／95.7) | 269.8（44.3)<br>（138.8／106.0) |
| 1970（昭45) | 579.6（100.0)<br>（124.6) | 341.5（58.9)<br>（126.1／101.2) | 238.1（41.1)<br>（122.5／98.3) |
| 2004（平16) | 471.4（100.0)<br>（101.3) | 257.5（54.6.)<br>（95.1／93.8) | 213.9（45.4)<br>（110.0／108.6) |
| 2016（平28) | 447.1（100.0)<br>（96.1) | 243.2（54.4)<br>（89.8／93.5) | 203.9（45.6)<br>（104.9／109.1) |

注) 最上段は坂根嘉弘「近代」表4，266頁，前掲木村編著書より引用。
1904年から70年までは、加用信文『改訂　日本農業基礎統計』。
2004年・2016年は各年農地統計。＊は田畑の合計数値にズレがあるもの（僅差なのでそのまま表示した）。

一路減少に向かった。

　時期的には、第二次大戦で大きく二区分できる。その前半は近代国家の条件整備と戦争への備えから農地の拡大と利用に腐心した時期であり、同様に「食糧確保」が絶対課題であり続けた敗戦期まで含めることができよう。後半はアメリカの主導する開放経済圏に吸引された時期であり基本的に現在まで続いている。いち早く麦と大豆を輸入に委ねることになったが、これは、米とともに土地利用型農業の主軸に育つことが期待された

小麦と大豆を「捨てた」ことに等しかった。農地利用が低下しつつ農地自体が減少に向かうという、少なくとも近世以降では初めての事態がすすんだのである。

　なお、直近の2016年を見ると、水田も畑地もピーク時のほぼ7割強にまで落ち込み明治初年のレベルを下回ってしまった。農地基盤の量（面積）という観点からみれば、現在は「幕末並み」の水準にまで逆戻りした、といえようか。

## ◆「水田二毛作化」という基本方針

### ◇水田二毛作とは

　先に面積変化のありようを概観したが、ここでは農地の利用度合いの変化をみてみたい。

　同一の圃場で1年に2種類の作物を栽培することを二毛作という（同一作物を2回栽培すれば二期作である）。少ない農地で人々を養うには、何よりも農地の利用率を上げることが必要だから、「水田二毛作化」は明治農政の基本方針であった。

　湛水がリフレッシュ効果をもつ水田には連作障害（当時の言葉では嫌地、忌地）がないから水稲の連作が可能である。このこと自体がありがたい条件であった（西欧＝畑作の小麦は連作できない）が、さらに、稲の収穫後に水を落とせば畑地としても使えた。そこで、冬期栽培が可能な関東以西を中心に水田二毛作（表作＝水稲、裏作＝典型的には麦）が、近代日本農業が追求すべき作付け体系となったのである。もちろん裏作物は麦と決まったわけではない。都市的な消費需要に恵まれた近郊農村では、むしろ野菜類が中心にすわった。

◇ 二毛作化の条件

　冬期に畑作物（たとえば麦）を作るには、田んぼの水を落とす必要がある。畑地のように乾いた土壌状態にすることを「乾田化」といい、そのようにできる田を「乾田」という。

　しかし伝統的な水田は用・排水が未分離で水の出し入れができず、冬期間も水を湛えた「湿田」が一般的であった。なお、同じ「湿田」であっても、「排水不良（水の過多）」のために湛水状態を強いられている場合もあれば、逆に「（田植え期などの）水不足」対策として「意図的に湛水しておく」場合の、状況をまるで異にする二つがあった。前者は「排水条件の整備」が、後者は「取水源の強化（管理できる水の増加）」が対処策であった。

◇ 米麦二毛作と商品経済

　世界に「三大穀物」というものがある。米と小麦とトウモロコシであり、これが人類の基幹的食物であった。小麦は、畑地でつくられる畑小麦と、水田の裏作でつくられる裏作小麦の二つがあった。他方、小麦もトウモロコシも元来は畑作物だからそれ自体は1年に1作しかできないうえ、必ず輪作体系のなかで栽培されなければならない。これが世界農業の常識であったから、外国人農学者たちは、日本の「米麦二毛作」をみて仰天したという……1年で「三大穀物のうちの二つ」をつくってしまうのだから。

　なお、乾田化レベルが低い段階では、湿気に強い大麦が、乾田化水準が向上するにつれ商品作物である小麦の作付けが増えた。大麦の多くは麦飯として主食補完用（すなわち自給用）であ

ったが、小麦は粉食用原料として販売されたから、農家経済における意味は大きく異なっていた。したがって農政は小麦を重視して増産政策を展開し、1935（昭和10）年に自給率100%を達成したのである。消費量が少なかったとはいえ、ほとんどを輸入にあおぐ現代の私たちからみれば驚きであろう。実際「日本育種学の金字塔」といわれたのである。

　他方、表作の米についても、米穀市場の発展とともに商品化競争が激しくなってきたから、周到な水管理・生育管理ができる乾田は、競争力を支える基盤として重視された。こうして米麦二毛作は、乾田化程度の向上にともない、表作の米も裏作麦もともに、商品経済への対応能力を大きく向上させていった。

◆ 農地減少と利用率低下の挟撃──水田利用再編政策下の農業縮小

◇ 米麦二毛作の衰退

　以上の裏作麦栽培の変化を表3-4にまとめた。上述したように、明治期には大麦中心すなわち麦飯用であったものが、昭和戦前期に商品作物である小麦が増加し、戦時下の昭和15年には絶対値も比率も第一位となった。

　戦後の食糧危機下で再び大麦（＝自給用）が増えるが、すぐさま小麦が回復しつつ、全体として見れば裏作麦自体の衰退が全面化してしまった（原因は外麦への門戸開放である）。とりわけ落ち込みが目立つ（＝外麦依存が急増した）1970年とは、主食＝米の過剰により「強制減反（強制的な水稲作付制限のこと）」に踏み切った年である。両者は「コインの裏・表」であることがわかるだろうか？

表3-4　水田裏作麦類と裏作小麦の作付面積と比率

単位＝万町、％

|  | 水稲作付面積 | 裏作麦作付面積<br>（裏作比率） | 同小麦作付面積<br>（小麦比率） |
|---|---|---|---|
| 1878（明11）年 | *249.0* | ― | ― |
| 1910（同43）年 | 285.0 | 68.9（24.2） | 16.7（24.2） |
| 1930（昭5）年 | 309.9 | 62.9（20.3） | 22.2（35.3） |
| 1940（同15）年 | 302.0 | 78.2（25.9） | 42.3（54.1） |
| 1950（同25）年 | 290.1 | 83.4（28.7） | 32.5（39.0） |
| 1969（同44）年 | 317.3 | 24.3（ 7.7） | 12.7（52.3） |
| 1970（同50）年 | 271.7 | *8.3（ 3.1）* | *4.2（50.6）* |

注）加用信文監修『改定　日本農業基礎統計』農林統計協会　1977、194-
199頁。斜体は表中最小値。

◇ 農地利用率の変化

　以上の変化を「農地利用率」としてみたのが表3-5である。

　「農地利用率」の統計数値は1941（昭和16）年以降しかないが、同年の137.6％という数字がほぼピークを示すものだといってよい。戦後の1956（昭和31）年も137.0％とほぼ同率である。すなわち、戦時体制から戦後食糧難の時代にかけて、農地面積・作付け延べ面積・農地利用率のいずれをみてもピークを記録しており、この時期、食を確保しようとする国民的な努力が、農業を支えていたことがよくわかる。鉄・石油などの諸資材は軍需産業に振り向けられ（傾斜生産方式とよばれた）、農機具の修理もままならなかった時代ではあったが、「無駄は敵」「農は国の礎」という倫理観に支えられた労働多投がこのような実績に結びついたのであろう。

　「まずは主食＝米の増産を」という政策は、高度経済成長の影

表3‐5　作付け面積と耕地利用率の変化

単位＝万町、％

| | 農地面積 | 作付け延べ面積 | 農地利用率 | 農産物自給率 |
|---|---|---|---|---|
| 1939（昭14）年 | 603（ 99） | 808（ 97） | 134.0（ 97） | 86 |
| 1941（同16）年 | 600（ 99） | 825（ 99） | 137.5（100） | |
| 1956（同31）年 | 606（100） | 830（100） | 137.0（100） | |
| 1960（同35）年 | 607（100） | 813（ 98） | 133.9（ 97） | |
| 1970（同45）年 | 580（ 96） | 632（ 76） | 108.9（ 79） | |
| 1980（同55）年 | 546（ 90） | 571（ 69） | 104.5（ 76） | 54 |
| 1990（平2 ）年 | 524（ 86） | 535（ 64） | 102.0（ 74） | |
| 2000（同12）年 | 483（ 80） | 456（ 55） | 94.5（ 69） | |
| 2017（同29）年 | *444（ 73）* | *407（ 49）* | *91.7（ 67）* | *38* |

注）1941年、56年は、加用信文監修『改定 日本農業基礎統計』農林統計協会1977その他は、
　　農林水産省「農地面積の動向」「農地に関する統計」より作成。自給率はカロリーベー
　　ス。斜体は表中最小値。

響をうけた食嗜好の急激な変化のなかで、逆に「新しい農業に転換できないまま」「米だけが余る」事態を生んだ。その結果、2017（平成29）年には、最高時にくらべ、農地面積は73％に、農地利用率は67％にまで減少することになった。

　しかし、この2者よりも営農実態を正確に伝えるのは、「両者の積」で表現される「作付け延べ面積」である。それは、最高時830万haから407万haへ、実に、最高時の49％の水準にまで減少したのであった。俗に「減反」とよばれてきた政策の正式の名称は「水田利用再編政策」であったが、「利用を再編」することなく「放棄」してしまったのであった。

◆ おわりに

　本書の諸章中、読者のみなさんが一番がっかりするのが、「農地利用（生産）実態」を扱った本章かもしれない。

　一昔前までは「日本は農地が少ないが、多毛作を工夫して可能な限りの生産に取り組んできた」と言われていたし、実際「環境形成型・中耕除草農業」はそれによく応えてきた。ところが今は、「作るものがなくて農地が余る」という（近年話題になる「獣害」もこの延長線上の出来事である）……わずか半世紀にして事態はまさに正反対になったのである。しかし、世界の農業事情を考えれば、「農業適地はあるが作るものがない」とは、あまりに贅沢すぎるのではないか？

　もう一つ、「草肥に依存しつつ少ない農地を集約的に利用」して食の確保につとめてきた歴史は、近世にははげ山化（土壌流出）による災害をまねいたが、近代では化学肥料と農薬の多投に置き換わり、代わりに水・土壌したがって生産物の汚染と生産者・消費者の健康被害を生み出してきた。「こぼれ話6」で垣間見たように、近代日本農業は「化学物質」の受け入れに大きな躊躇はなかったようであるが、それは「経営外給的地力補てん」方式に馴染んできたことも影響しているのであろうと思う。

　そのなかで一部の農家が、低投入で生態系にやさしい農業をめざす努力を重ねてきたのが現状だとすれば、農地にゆとりができたことを奇禍とし、「農地をより広く利用でき／環境破壊も伴わない」ような農地利用のあり方（新しい農法）を生み出す機会として「活用」することが求められているのかもしれない。

## 農業史こぼれ話 3

農村識字率の高さ──パックス・トクガワーナの農業・農村（2）

　江戸時代農民の識字率については、「この国家の体制は、村の百姓たちが文字や数字を駆使して帳簿、文書を作成しうる能力を前提としており、実際このころの百姓のなかには女性を含めて文字を読み、書き、数字を駆使しうる人々が多くおり、識字率はおそらく、17世紀前半には少なくとも30〜40％はあった……」という網野善彦の説明がある（128頁）。最初の部分は、江戸時代の村は年貢や諸役を請負い遂行する主体だった（村請制）から、それをこなすうえで文書・帳簿能力はあって当然ということ。だから「農民に文字はいらない」どころか逆に必須条件であり、これもまた西欧農村とは大違いだった、と。

　時代は下がり、江戸時代の末期……青木美智男が下記著書において「外国人が驚く読み書き能力」という1節をたて、諸事例を紹介している。その中の一つ、1848（嘉永元）年に北海道の島に漂着、番所で捕らえられ長崎にまわされたアメリカ人マクドナルドの見聞を抜き書きすると、次のようである。「日本のすべての人─最上層から最下層まであらゆる階級の男、女、子供─は……すべての人が読み書きの教育を受けている。また、下層階級の人びとでさえも書く慣習があり、手紙による意思伝達は、わが国におけるよりも広くおこなわれている」（同140頁）。農が8割弱を占めたとされる時代、「最下層まで」とか「下層階級の人びとでさえ」という表現の中には一般農民が多数含まれていたであろう。その「すべての人」が「読み書き」はそこそこできるというのである。

　網野は「国家」からみた識字能力の必要を指摘したが、青木は「農民」にとっての必要性の高さを次のように述べている（同148頁）。江戸時代の農民はその初期においても商品経済に深くとらえられており、「百姓経営が成り立つためには『分限相応に手習いをいたさせ、そろばんをならわせ耕作の儀を勤めさせる』ことが肝要になっ」ており、農民自らが「読み書き・そろばん」の能力を強く求めていた、と。

　実際、江戸時代初期には「学校と云うはあらざれども、在々所々に寺社多く、一里一郷の処にも神社仏閣のもうけなきはあらず、そのところの民人の小弟必ず相あつまりて手習い物学ぶ……」（山鹿素行）という状況があった。村々の宗教者たちは、「村内唯一の知識人として、村人から要望があれば師匠となって村の子どもらに読み書きを教えるようにな」り、「こうして寺子屋と呼ばれるようになった初等教育施設は、村にはなくてはならない存在となり、もし廃止したりすれば、即座に大きな社会問題となった」（同149頁）。寺子屋の存続が「社会問題になる」というのだから、驚きであろう。

（引用参考文献）　網野善彦『日本社会の歴史（下）』岩波新書、1997年
青木美智男『日本の歴史別巻　日本文化の原型』小学館、2009年

## ギモンをガクモンに

No.4

> 「上土は自分のもの、中土は村のもの、底土は天のもの」

　この奇妙な言葉は、日本農業史の研究者・丹羽邦男が、明治維新を迎えたばかりの農民の「農地所有観（農地は誰のものと考えていたか）」として、紹介したものです。

　「奇妙」と書いたのは、少なくとも現代では、農地はすべて「特定の誰かのもの」であり、それを「上土」「中土」「底土」に分け、その一つ一つに所有者を考えることなどありえないからです（……これでは「所有」できません）。「天のもの」も不思議ですしね。

　なぜこのような土地所有観が形成されたのでしょうか？このような見方にはどんな効用があったのでしょうか？そして今、私たちに与えてくれるメッセージとはどんなものなのでしょうか？
　そのようなことを考えてみたいと思います。

# 第4章

## 上土は自分のもの、中土は村のもの、底土は天のもの

### ——農地の「所有」をめぐって——

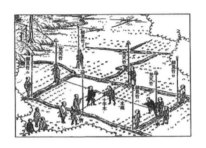

### キーワード

農地の所持と所有、地租改正、近代的土地所有、近代地主制、小作争議、自作農創設事業、農地改革

### ◆ はじめに

　本章では「農地所有」を軸にして歴史をみたい。実際には「利用」「所有」は表裏一体なので、前2章と相互に関連させつつ読んでいただけたら幸いである。

　本章のタイトルは丹羽邦男が記した「地租改正期農民の農地所有観[*]」を使った。近世の農地は本百姓のみならず領主も、さ

らには村や将軍も関与しており、その重層性をさして「所持」ということばで表現している。だから「重層性」それ自体は近世の土地所有の理解としては常識的であるが、表現がなんともシャープで刺激的である。「天」があるのもいい。

ここでは、いかなる条件の下で、このような土地所有（観）が生み出されたのであろうか、その点を考えてみたい。

明治維新（地租改正）は、重層的な伝統的土地所有観を壊し、土地に対する私的で排他的な支配権である「近代的土地所有」に置き換えた。「近代的所有権」とは、対象を「使用・収益・処分」する権利のことである。自己の権利と責任を明瞭にする私的土地所有権の設定が、市場経済を活性化する基本条件になったことは間違いない。

しかし、歴史が示すのは、「人が生み出すことのできない自然」を支配することの害悪もまた巨大だ、ということであった。「個人」とともに「村」と「天」が重なる重層的な土地所有観が現代にもつ意味についても考えてみたい。

＊この言葉（丹羽『土地問題の起源』…本章末尾参照）を、私の前著『日本農業の発展論理』では「佐賀農民の言葉」として紹介していた。執筆者ご本人もそのように説明されていたと記憶していたのだが、その典拠が確定できなかった。したがって現時点では、地租改正期佐賀県の分析をした丹羽氏の「理解・解釈」だと判断している。お詫びとともに、訂正しておきたい。

## 1　上土は自分のもの、中土は村のもの、底土は天のもの
——明治維新と「農民の農地所有観」

### ◆ 農民の伝統的農地所有観とはどんなもの？

　丹羽邦男は地租改正に直面した農民たちの狼狽や抵抗のなかから、上記のような「農地所有観」を見出した。丹羽の説明をふまえ、その意味を私流に整理すれば、次のようである。

　①農民たちは、農地が特定個人の所有物とは考えていない。「上土は自分のもの、中土は村のもの、底土は天のもの」というように、人の関り方に応じて三つの層に分け、その各々に固有の「所有」関係があると理解している。

　②「上土」とは毎日耕す作土の部分、おそらくは耕土を耕す鍬の深さで示される土層のこと。それが「自分のもの」といえるのは、日々「自身の労働」がつくりだしているものだからである。

　③「中土」とは個人と世代を超えて作られてきた「装置としての水田」のこと。開墾も客土も、ため池や水路・畔や農道の整備も、そしてそれらに合体した日常的諸管理をも含む総体であろう。それは世代をまたぐ長期の「村ぐるみの共同労働」の産物だから「村のもの」であろう。

④その下には、人の手がふれたことのない「底土」が続いている。誰の手もふれられていない以上誰のものでもないし、これからも人が関与することはないであろう。したがってこれは「天のもの」とよぶべきものである。

　いかがであろうか？　なんといっても最後の④には目が開かされる思いがする。土地・自然のもつ深さは、「天のもの」というにふさわしいであろう。同時に、人はさまざまな関係を土地・自然と取り結び、日々の生活を営んでいる。その日常にたてば、それぞれのかかわり方に応じた権利と責任がある……そんな気持ちもわかるような気がする。

　しかし、明治維新とともに断行された地租改正は、このような土地・自然／人間関係を壊し、シンプルな形式（私的土地所有＝自分の土地）に置き換えたのである。

◆　地租改正とはどんな改革だったのか？

◇　地租改正の内容

　地租改正とは、日本の租税改革・土地改革である。地租とは「土地にかかる租税」のこと。江戸時代の税は「米の年貢」が基本であったが、それを「金納の地租」に変えたのである。それぞれの土地の所有者を確定し土地台帳に記載した。そのうえで所有土地の「地価」を確定し、その3％（後に2.5％）を地租にしたのである。ここでは省略するが、土地売買自体が普遍的とはいえない社会で「地価」を決めること自体に無理がある。

　地租改正実施が決まるとともに、役人が村に派遣され、上記

必要事項の確定と記帳にあたった。冒頭の丹羽の「農民の農地所有観」は、この過程における農民・役場のやり取りの分析から得たものである。

◇ なぜ必要だったのか

　無理を押してでも地租改正を断行したのは「資本主義へ〝離陸〟できる条件」を整えるためである。資本主義的な経済制度を確立するには、以下の諸条件の整備が必要であった。

　　①安定した流通システム……市場経済がスムーズに動く制度
　　　的保証である
　　②潤沢な資本（日本の場合はとりわけ国家資金）……とくに
　　　初期投資が大切。これが十分確保できれば資本主義化（〝離
　　　陸〟である）は容易になる。
　　③ 多数の労働者……土地や村から切り離された「自由に動け
　　　る労働者」を大量に確保する。

　地租改正は、近代的所有権の確立によって①を支えた。私的所有権が確立してこそ、商品所有者は安心して市場取引に身を委ねることができる。ついで②、工業化に踏み出すには、まず伝統的社会が蓄えた富を動員（初期投資）する必要がある。実際、明治国家初年度予算のほぼ8割が地租であり、最初の投資は農業が担ったといってもよい。そして③、必要とされたのは「どこへでも行き、身を粉にして働く人々」であったから、初期資本主義経済は「貧困化／スラムの形成」と裏腹で発展した。「働か

ざるをえない人びとの創出」の主たる手段こそ「土地からの切り離し」であった。

◆ 農業・農民への影響はどんなもの？

◇ 金納というリスク

　税額が同じでも、「米納と金納」では大違い。第一、米を金に換えなければならない。しかし、米価は常時変動するし米商人に買いたたかれる危険も付きまとうから、相当なリスクであった。

　地租改正中に西南戦争が勃発した（1877・明治10）。戦争は大インフレーションを起こし米価も高騰したから地租支払いはスムーズにすすんだ。しかし、その直後（1881明治14）には緊縮財政（松方デフレ）が実施され米価は急落、一転して地租が払えなくなった。やむをえず借金して支払うことになるが、米価安では借金が返せず担保である土地が大量に「質流れ」した。この土地を集めて急成長した地主を「質地地主」という。これが「近代地主制」の形成である。

◇ 地主・小作の関係も変わった

　地主・小作関係は近世にもあった（近世地主制）が、「地主 vs 小作」という対立はあっても、「村落共同体のなかの支え合い」という性格ももっていた（第6章）。「自分の土地で村の土地」という観念は、そのような相互補完関係を反映している。しかし、「近代的すなわち私的な土地所有権」へと転換されてしまえば、現実もドライな関係へと徐々に変質することになる……「儲け

るための／私的な土地所有」という側面がしだいに強まっていくのである。

　他方、市場経済の発展につれ、新たな活動分野を求め故郷を離れる地主も増えてくる。これを不在地主とよんだ。在村地主であっても都市経済との関係が深まってくるから、近世地主では重要な役割と観念されていた勧農（村の農業指導・農業振興）に対する責任感・使命感が、徐々に弱まっていくことにもなった。そして、相互扶助機能の衰えとともに、対立局面が肥大化してきたのである。

◆農地と林地で正反対……「農地制度の農民的改革」ｖｓ「林地制度の国家的改革」

　もう一つ、農地と林野の扱いが正反対であり、農と林の関係が制度的に切断されたことも知っておきたい。農地ではほぼ100％「農民の所有権」が認められたが、とりわけ「優良林」の多くは「国有地（一部は皇室財産）に編入」されたのである。

◇ 山林所有——東日本型と西日本型

　山林の国有地編入は、近代化＝資本主義化のための用材林確保策であった。問題は、「過去の入会実績を文書で証明できないものは国有地に編入する」ことを方針にしたことである。

　長い開発史があり山をめぐる紛争（山論という）も多かった西日本では紛争史料が残りやすく、入会権が認定され「農の側の所有」が認められるケースが多かった。その結果、国有地への編入率は4割前後にとどまったが、開発密度が低くこのような文

書を残すチャンスに乏しかった東北では8割前後、北海道では実に9割強が国有地化され、農民の山利用は大幅に規制されたのであった。

　こうして、東日本と西日本ではまるで異なる林野所有状況が生み出されたのである。


◇ 農と林の対立

　近代日本では「林」が用材林生産地として位置付けられ、「農」サイドの利用が制限された。第2章でみたように、近世の山林は拡大する農業のため「はげ山化」したが、近代では主・客が入れ替わる大転換があったわけである。その変化を象徴したのが「火入れ」をめぐる紛争であった。火入れとは、冬の終わりに雑草・雑木に火をかけ、やせた土地に灰（肥料分）を供給し、害虫を駆除し、次の耕作に備えるものであるが、林業破壊行為とみなされ、厳しく取り締まられたのである。

　ただ、現在では、雨の多い日本では、当時懸念されていたような林業被害はないと考えられている。しかし、当時は西欧林学の権威は決定的であり、裁判（火入れをめぐる対立はしばしば法廷に持ち込まれた）でも敗訴が重ねられ、農と林との関係性／広くいえば入会関係は急速に断たれていくことになった。

## 2 ｜ 江戸時代──「農地所持」というもの

　これまで、明治＝近代化革命が遂行された時代の土地所有問題をみてきたが、以下では、「上土は……」に表現された重層的

土地所有観が形成された江戸時代に目を転じることにしたい。

　本節では主に渡辺尚志『百姓の力──江戸時代から見える日本──』（柏書房、2008）を参考にした。

◆ 太閤検地という出発点──社会編成の原理としての石高制

　検地とは領主が行う土地調査であり、それを全国規模で行ったのが、秀吉のいわゆる太閤検地である。

　ここでは、①入り組んだり大きすぎる村はコンパクトにまとめられて村の境界が決められ（村切り）、②田畑・屋敷地の面積を丈量し確定した。③検地帳に登録された土地には名請人が決められ、土地の権利を認められる代わりに年貢納入が義務づけられた。④「検地帳に名請人として登録され年貢と百姓役を負担する者が百姓」「年貢を徴収し軍役を負担する者が武士」とされ、検地は兵農分離を推進する画期ともなった。

　江戸時代には、田の生産高（米の標準収穫量）が石高とされ、石高を基準にして年貢量が決まった。石高は、武士が主君に対して務める軍事的負担（軍役）の基準値でもあり、また百姓の所持地の規模だけでなく村の規模も大名などの領地の規模もすべてが石高で表示され、社会編成原理の基軸に据えられたのであった（石高制）。

　なお、社会編成の基本原理に石高制が採用された理由についての、渡辺の説明に驚いた……第一は、「米が貨幣と同様」の機能を果たしていたということ……これはもっともだが、第二は、秀吉は「朝鮮・明への侵略を考えていたため、兵糧米としての米の重要性が一段と高まっていた」からだという。つまり「朝

鮮侵略のための米確保策」だったというのである。

## ◆ 土地は誰のものだったか

### ◇ 農地「所持」ということ

　近世の土地には複数の所有者が関わっていた。「所持」とは、そのことを私的な「所有」（近代的土地所有）と区別するための表記法である。

　「複数の所有者が関わる」とはどういうことか……渡辺の説明を聞こう。「一般に、近代になる前の社会（前近代社会）では、土地の所有権は一元化されず、1つの土地に複数の所有者がいる状態が、むしろ通例で……江戸時代においても、百姓と武士がそれぞれ権利の内容を異にしながら、ともに所有者として1つの土地に関係していた……領主の所有権は国家の領有権に近い性格をもっており、百姓の所持権とは位相が異なっていた」。要するに、土地を自分の判断だけで処分することはできず、必ず関係者の合意を得る必要がある、ということである。それは百姓と武士との関係においても同様であった。

　さらに、人だけではなく村も「所有者」として土地に関与しえた、として「割地」の例をあげている。割地とは、災害リスク分散などのために、くじなどにより定期的に村人の所持地を交代することで、災害常襲地帯では一般的なことであった。

　冒頭の丹羽の言葉に即していえば、上土と中土には、以上のような多様な「所持」の関係が含まれていたともいえよう。

◇ 無年季的質地請戻し慣行──再チャレンジのしくみ

　割地が村レベルの危険分散方策だとすれば、個々のレベル（個々の関係）での危機緩和策・相互扶助機能として「質地請戻慣行」があった。

　現代では、土地や物を質入れした際（……借金をする際の担保のことである）、期限内に請戻せなければもちろん質流れとなり、質物は完全に手から離れてしまう。しかし江戸時代では、たとえ質流れしてしまった土地であっても、元金を返しさえすれば請戻せる、という慣行があったのである。場合によっては100年（！）経っても請戻し可能であったというから驚く（……世代を超える）し、そもそも、最初から期限を設定しないことさえあった。これを無年季的質地請戻し慣行という。

◆ 入会地の分割・耕地化の動き

　入会地については第2章を参照のこと。ここでは、人口増加にともない、「入会地を分割して私的な耕地にする」動きがでてきたことを補足しておきたい。入会地が減っても困らないのは十分な金肥を買える有力百姓であるが、困るひとびとがいることを知りながら強力に「我」を通す動きがでてきたわけである。伝統社会の規範が緩み、「近代的精神」が台頭しつつあることを示しているといえよう。

| 3 | 近代の土地問題と農地改革 |
|---|---|

　現代に至る変化を、「近代地主制下の土地問題から農地改革

へ」と「農地改革以降の土地問題」の、2つの流れにおいて説明したい。

◇ 近代地主制に対する批判と行動

　小作農たちが、徐々に地主制批判を強めてきた……明治末から大正期のこと、「農業の不利化」（第6章）といわれた事態がひろく覆った時代のことである。

　小作農の不満が増大したのには次のような事情があった。市場経済が発展し「よいものを作れば高く売れる」という関係が一般化してくると、「小作米の販売者」である地主は、「市場の要求に見合う米づくり」を小作に強く要請するようになった。しかし、そのためには、「生産者である小作農」が種々の負担を背負う必要があるうえ、「うまい米」は栽培しにくく収量も少ないという現在と同じ苦労を抱え込むことにもなる。さらに、地主自身の経済基盤は農外に広がりつつあり、自らは営農指導から手をひく傾向も徐々に強まってきていたからである。

◇ 小作争議の発生

　小作層の不満が紛争化・運動化したものを小作争議といい、「小作料軽減」を主たる要求に掲げ、明治末から大正期にかけて高揚した。小作料をめぐる対立は当初よりあったが、それが争議化したのには次のような事情があった。

　①産米改良の負担増。市場から「米質」への注文が厳しくなると、収量を犠牲にした良質米の生産や、（米を痛めないた

表4-1　小作争議の発生状況―件数・参加者・関係面積

|  | 争議件数 | 参加地主数<br>（1件あたり） | 参加小作数<br>（1件あたり） | 関係耕地面積<br>（1件あたり） |
|---|---|---|---|---|
| 1918（大7） | 256　件 | ？　人 | ？　人 | ？　町 |
| 1922<br>（大正11） | 1,575　件 | 29,077人<br>（18.4人） | 125,750人<br>（79.7人） | 90,253町<br>（57.2町） |
| 1926<br>（大正15） | 2,721　件 | 39,705人<br>（14.4人） | 151,061人<br>（54.9人） | 93,653町<br>（34.8町） |

注）同編纂委員会編『農地制度資料集成』第2巻 1969年 50-51頁より作成。

　め）ゴムロール式籾摺機の採用や俵装の厳格化など、生産
　　者の負担になる諸改良が求められたため、その見返りとし
　　て小作料減額要求が増大した。
　②近隣労働市場並み収入を要求する声が強くなった。「農業の
　　不利化」とよばれる状況が「比較」意識を生んだのである。
　　自分が実際に選択可能な「近隣の労働市場並みの所得」が
　　比較対象になったことは要求の重みと正当性を増した。

　表4-1に示すように、小作争議は大正期に急増した。平均規
模は、参加地主数30-40人、同小作数50-80人、関係耕地面積30-60
町歩……まさに地域ぐるみの争議であった。

◆　地主制への批判と政策側の漸次的受容

◇　農林省の判断――大規模地主の抑制・耕作者主義へ

　年間約3千件・小作約15万人が参加する大争議が農村で起こ
った。このようななかで、農政の側においても、地主本位では
なく農業生産者・経営者を重視する、すなわち「耕作者主義」

へと農政を移行させる方向性が模索されはじめた。具体化した主な手立ては、次の三つである。

①小作調停法の制定（1924・大13）：争議を当事者まかせにするのではなく、町村長や農会長などの第三者による「調停」により両者の合意をめざす。各都道府県に小作官を置き、各県小作事情・小作問題の研究をすすめ相談にものる。

②農地調整法の制定（1938・昭13）：小作農の耕作権（耕作継続権）を法認した。これで理由のない「土地取り上げ」が禁じられ小作者の立場が強化された。そして農地委員会が市町村におかれた。これは、戦後に行政委員会としての農業委員会に再編され地域農政の柱となった。農業問題を地域問題として対処するという方向性が登場したといえる。

③自作農創設事業／自作農創設維持補助規則の制定（1926・昭元）：国が低利資金を供給し小作層の農地購入を援助するもので、徐々に事業規模が拡大され、1943（昭和18）年の第三次施策では、小作農地のほぼ半分を自作化する計画をたてた（戦後の「第一次農地改革構想」に匹敵）。

（補）食糧管理法（1942・昭和17年）：農地立法ではないが、耕作者（生産者）擁護の機能を強くもったので記しておく。総力戦とよばれた大戦争を乗り切るには生産者・消費者双方の不満を緩和する必要があったため、生産者価格と消費者価格に差をつけ、前者を高く後者を低くした（二重米価制）。戦時末期には生産者米価と地主米価にも差をつけ三重米価制とした。

　この段階で、経営視点と土地所有視点をともに重視し、両視点の結合により生まれる上層自作農を農業生産の中核に据える

という政策姿勢が明瞭になった。


◇ 自発的農地改革の動き

　「こぼれ話8」では文学者有島武郎の「農地解放宣言」を紹介したが、ここでは「不在地主への土地放出勧告」を行った村の「勧告文」を紹介したい……農地改革は「アメリカがした」ものではないのである。

---

**資料4-1　「不在地主への土地放出勧告」**

　謹啓　新緑の候益々御適賀奉候
　陳者既に御承知の通り帝国政府に於ては日満食糧自給政策ヲ樹立し自作農創設を第一に採り揚げ居候　自作農の創設は只単に耕作地を得させるのみならづ農家経済を安定し経営の基礎を確立する上に極めて緊要なる事に御座候
　本村も政府の方針に従ひ是が即刻実現を希求して止まざる次第に之有、本年度に於いては不在地主の所有地を全面的に御開放願度存念に御座候　就而御尊家御歴代の御家寶に対し誠に恐縮千萬なる御願ひには候へ共　貴下本村に御所有土地を是非御開放願ひ度御伺の上可本意に候へ共該当関係者を自身御伺ひ致す様指導致し居り候間何卒格別の御計ひに預り皇国農村確立に一段のご援助賜り度寸楮を以て御願申上候
　敬白
　昭和十九年五月二十三日
　　　　　　　相楽郡瓶原村村長
　　　　　　　　　　　　　岩　田　金　孝
　　　　　　　　　　　　　　　　　　　印
　　殿

---

　注）野田（1989年）122頁より転載。原資料は、京都府相楽郡旧瓶原村（現木津川市）役場資料。本資料の位置づけについては同書を参照されたい。

# 4 ｜ 農地改革とそれ以降

## ◆ 農地改革

　以上のような前史をふまえ、敗戦後に農地改革が実施された。農地改革を担った市町村農地委員会の活動については「第8章」を参照してほしい。ここでは、地主所有小作地の「買収基準」と「買収結果」のみを記しておく。

### ◇ 買収基準
　買収基準は次のとおりである。
　　①「当然買収（客観的基準に基づく強制買収）」＝小作農地。地主を在・不在でわけ、次のように決めた。
　　　不在地主は所有小作地全部。在村地主は内地平均1町歩を超える分の買収。
　　②「認定買収（買収申請に基づき、妥当と認められたものを買収）」＝自作農地で過大なもの（内地平均3町歩を目安とし、経営状況を勘案して決める）および農業用諸施設（宅地・建物・農道・水路等）。
　以上に見られるように、最も厳しい措置は「不在地主所有小作地」に対するものであるが、これは大正期小作争議の主張（寄生的存在として批判を集中させた）を継承するものであった。

表4-2　階層別小作地比率と開放率

(単位＝％)

| 経営規模 | 小作地率 | | | |
|---|---|---|---|---|
| | 1938年 | 1950年 | (A) | (B) |
| 5反未満 | 52.1 | 22.2 | 5.4 | 58.0 |
| 5反〜1町 | 50.8 | 14.0 | 21.9 | 32.8 |
| 1〜2町 | 44.9 | 9.4 | 38.3 | 21.9 |
| 2〜3町 | 40.0 | 6.7 | 13.2 | 16.4 |
| 3〜5町 | 42.8 | 6.7 | 8.5 | 16.3 |
| 5町以上 | 42.5 | 5.8 | 12.7 | 19.5 |
| 合　計 | 45.7 | 10.7 | 100.0 | 26.5 |

注）農林省「我が国農家の統計的分析」1938年、同「第26次農林省
　　統計の概要」1950年より作成。
　　(A)…開放小作地の階層別分布
　　(B)…改革後の小作地率なお、便宜的に1938年と1950年の小作
　　　　地面積の差を農地改革による開放（自作地化）面積とみな
　　　　した。

◇ 農地改革結果

　全体で見れば、農地改革前に45.7％あった小作地率は10.7％に
まで下がった（開放率＝76.6％）。開放率の最高は3-5町層の84.3％
最低は5反未満層の58.0％、開放面積の最大は1-2町層の38.3％最
小は5反未満惣の5.4％であり、開放率には相当明瞭な階層差が
あった（表4-2）。

◇ 戦後自作農制──農地改革違憲訴訟をくぐり抜けた土地所有

　先に述べたように、インフレにより買収・売渡価格が急落し
たため、地主側からは「私有財産権の侵害」だとする119件もの
違憲訴訟（憲法違反を問う訴訟）が提出されることになった。

　「合憲」判決により決着がついたのは1953年のことであった。

合憲の根拠とされたのは、「農地改革の公共性」、すなわち「……特定の耕作者の利益を図るものではなく、新憲法の要請に応じ、耕作者の地位に法的経済的安定を与え、もって農業生産力の発展と農村の民主的傾向の促進を企図するもの……最も急務とされる食糧の増産確保に寄与することは勿論そのこと自体において公共の福祉である」というものであった。

要するに、戦後日本の建設過程において、「農村平和」と「食糧増産」は「公共の福祉」であるということである。このような立論を可能にした土地改革は他の国々にはなかった。

◆ 農地法以降の農地問題

以上のように、農地改革は短期間にスムーズに行われ、また戦前期以来農業関係者の悲願であった「耕作者主義」実現するうえで画期的な成果をおさめたが、たちまち、〝想定を超えた諸問題〟に見舞われることになった。

第1は、いわば外部環境の激変がもたらした諸問題である。

復興から高度経済成長に至る過程は、種々の「幸運」に支えられ、予想をはるかに上回るスピードで進んだが、農業にとっては、転用（農地を農地以外のものに変えること）の急増、それも虫食い状態の「バラ転」として進行した。農業環境それ自体が悪化したのである。

もう一つは、転用価格が農地価格をひきあげ、農業では採算がとりにくい状態をつくったことである。農業で採算がとれなければ、もっと地価が上がるまで持っていたほうがいいという、

いわば資産的土地所有が生まれてきたのである。

　第2は、農地法自体の問題である。農地改革は耕作者主義に則り、自作化を主たる方策にして遂行されたが、当然、残った小作地についても耕作者主義にみあう対処がなされた……耕作権が付与されたのである。

　しかし、貸し手からこの強い耕作権が忌避されることになった。農地を貸してしまえば返ってこないかもしれないという不安が膨らんだのである。その結果は「闇小作」、すなわち農地法によらない農地賃借関係の蔓延であった。

　第3は、以上のような、農地改革・農地法の元来の精神である「耕作者主義」とは離反する事態の進行は、本章冒頭で示した「三重の土地所有」観念の二番目と三番目、すなわち、「村のもの」と「天のもの」を著しく機能不全にすることになった。

### ◆ おわりに

　その対策として打ち出されたのが、期限を定めない（＝耕作権のつかない）新しい借地権である「利用権」の設定である。耕作権がつかない借地関係を「近代的」とは言い難いが、耕作権がない不安は「村の共同性」により担保されることが期待されたのである。実に「日本的な」手だてではあった。

　明治以来モデルとしてきた西欧農業では、生産者の権利を

強化することが一貫して農政の柱に据えられていた。日本農政もまた、日本的土地所有（重層的土地所有）が近代化の中で機能不全に陥るのを防ぐべく耕作権を確立したのだが（農地法）、その途端に、このような「大逆転」を余儀なくされたのである。

　これは、本章でみた農地所有問題の経緯をふまえれば、農業土地問題の新しい困難に対し「村のもの（土地）」の観念（さらには「天のもの」も）が姿を変えて登場したものともいえよう。しかし、それがそのようであり続けるには、「村のもの」という観念を支える「地域自治」の内実を、新しい姿で確実に育てていくことが不可欠であろう。

　　＊「近代市町村制下の行政単位」として村があり、「伝統社会の共
　　　同体的地域組織」も村とよばれる。とくに後者の独自性を強調
　　　するために「ムラ」「むら」などと表記されることもある。

◎用語解説───────────────────
**耕作権**：借地人の耕作継続権。日本の借地関係で一番大きな問題になったのは、地主の土地取り上げであり、自作化・別な小作への転貸・宅地等への転用などが主なものであった。これらの恣意的な取り上げを許さないようにする法的措置が耕作権の法認であり、非常事態下にあった1938（昭和13）年農地調整法により実現した。なお、西欧では、耕作継続権のみならず投下資本の補償である「有益費償還」問題が借地問題に関わる重大課題であった。

◎さらに勉強するための本──────────────
丹羽邦男『土地問題の起源──村と自然と明治維新』平凡社、1989年
原田純孝編著『地域農業の再生と農地制度──日本社会の礎＝むらと

　　農地を守るために──』農文協、2011年

梶澤能生『農地を守るとはどういうことか──家族農業と農地制度
　　その過去・現在・未来──』農文協、2016年

## 農業史こぼれ話 4

子煩悩な農村の男たち──パックス・トクガワーナの農業・農村（3）

　幕末の外国人たちの目に写った日本論・日本像を、簡単に読むことができる。その中に「日本人庶民の男性の子煩悩ぶり」に注目したものが幾つかあり興味深かったが、なかでもイギリス人女性探検家イザベラ・バードの描写が詳細であり、農村の情景でもあるので、それを紹介することにした。彼女が旅をしたのは明治 11 年だが、記されているのはパックス・トクガワーナの生んだ世界がなお持続している状態であると言ってよかろう。

　なお、信長・秀吉時代に関して宣教師フロイスが、「外出時に夫の前を歩くのは妻」「亭主の許可も得ず長期旅行する女たち」等々と記し、すべて「西欧とは正反対だ」と仰天していたことが、それこそ仰天であった。他方バードの目に写ったのは「子煩悩な男たち」……「奔放な女性」は信長・秀吉時代の光景として興味深いが、「男たちの子煩悩ぶり」はパックス・トクガワーナ（長い平和）があってこそ育まれえた家族の情景なのであろうと思う。

　「父親の慈愛」　私は、わが子をこれほどかわいがる人々、歩くときに抱っこしたり、おんぶしたり、手をつないだり、子供が遊ぶのを眺めたりその輪のなかに入ったり、新しい玩具をしょっちゅう買ってやったり、行楽や祭に連れていったりする人々をこれまで見たことがない。彼らほど子供がいないと心満たされず、よその子供たちに対してさえそれなりの愛情と心づかいでもって接する人々も見たことがない。父親も母親もわが子を自慢にする。毎朝六時頃になると、一二～一四人の男たちが低い塀に腰かけ、二歳にもならない子供を抱いてあやしながら、どんなに発育がよく利口かをひけらかしている。その様子は、見ていてこの上なくおもしろい。どうやら、子供のことがこの朝の集まりの主な話題になっているようである。夜、戸締りをした家の、引き戸を目隠ししている縄や藤［葛］製の長い簾越しに見えるのは、父親が〈一家団欒の場〉なのに〈褌　ふんどし〉一つの姿で身を屈め、醜いながら人のよさそうな顔でおとなしそうな赤ん坊を覗き込んでいる光景や、〈着物〉を着てはいるがしばしば肩まで脱いだ母親が裸同然の二人の子供を抱っこしている光景である。

　人々はいくつかの理由で男の子の方が好きではあるが、女の子にも同じように慈しみと愛情を注いでいる。このことは明らかである。子供たちは、私たちからみるとあまりにおとなしく礼儀正しいが、顔つきにも振る舞いにもとても好感がもてる。また実に素直で従順であり、自ら進んで両親を手助けし弟や妹をとても思いやる。子供たちが遊んでいるのをこれまで長く見てきたが、その間に口喧嘩したり、不機嫌な表情をしたり、悪いことをしたりするのを見たことは一度もなかった。とはいえ、彼らは男女を問わず子供というよりは小さな大人である。そのように大人びて見えるのは、以前にも記したように、子供たちが、大人が着ているものを小さくしただけのものを着ていることとも大いに関係する。（以下略）

（引用文献）イザベラ・バード著、金坂清則訳注『完訳　日本奥地紀行 1　横浜・日光・会津・越後』平凡社 2012 年（原著出版 1880 年）

# 中世の時代、百姓は〝ひゃくせい〟と……ではない

日本中世史家・網野善彦の言葉です。

網野によれば、中世において百姓は「ひゃくせい」と読まれており、文字通り「ひゃくのかばね」、すなわち、さまざまな生業に取り組む人々の総称でした……それを、後の世代はそのまま農民とみなすようになってしまったというのです。

江戸時代には士農工商の身分があり、「農民身分が8割弱」を占めたと今でも学校で習います。しかしそれは、明治になり職業別戸数を把握した際に、城下町の町人だけが「工」「商」にされ、「村」の住人はみな「農」にされていたのを、そのまま転記してしまったからだというのです（壬申戸籍）。

しかし、もしそうだったとすると、これまでの農業・農村発展史のイメージはどんなふうに変わるのでしょうか？また、私たちの視野をどのように広げてくれるのでしょうか？

## 第5章

# 農民・農家・百姓をめぐって
## ──「百姓は農民ではない」（網野善彦）──

**キーワード**

百姓、農民、農村女性、直系家族と農業、地域資源、
六次産業化

## ◆ はじめに

　網野善彦は、「百姓は農民ではない」という。それはどんなこ
とで、どんな視野を提供してくれるのだろうか？

　職がわかる史料も現れてくる近世を扱う研究者が網野の主張
をどう受けとめているのか興味深いが、とくに具体的な応答は
ないようにみえる。もちろん、近世史家たちも「百姓には、漁
業・林業・商工業など多様な職業に携わっている人々が含まれ
ていた。専業の場合と兼業の場合があったが、いずれにせよ彼
らは農業だけに従事していたわけではなかった」と考えており、

86

事実認識としては大きな差異はないようにみえる。

しかし、網野の言いたいことは、少し違うように思う。

私たちのなかにある、①「自給的な農耕社会から市場的な商工業社会へと発展してきた」という社会発展史像や、②「農業は自給的農家から企業的大経営へと成長するのが正常」とする農業発展像、さらには③「②を阻害しがちな混住型農村」という農村像の相対化を意識したものであり、④「日本（史）における女性の地位（低下）」を生業のありかたと関連付け、研究史を相対化する意図をもったもののようにみえる……。単なる「兼業の有無ではない」と思うのである。

網野の提言に触発されつつ、ここでは、日本的農民（農家）と農村社会について少し考えてみたい。

# 1 ｜ 「百姓は農民ではない」（網野善彦）

## ◆「百姓は農民ではない」とはどういうことか？

まずは、網野の主張に、耳を傾けてみよう。

### ◇ 生業とはこんなもの

網野は、日本中世における「民衆の生業と技術」の実態解明に取り組み、1983（昭和58）〜97（平成9）年にかけての成果を取りまとめている（『中世民衆の生業と技術』東京大学出版会2001）。

生業とは「なりわい」のこと、ここではとくに近代的な職業の対極にある在地性・伝統性を帯びた「かせぎ」のことである。

同書の目次がとりあげた生業の一覧になっている。……「漁撈と海産物」「製塩と塩の流通」「栗と漆」「百姓と建築」「甲府の印伝」「桑と養蚕」「百姓の着た絹小袖」「紙の生産と流通」「鉄器の生産と流通」となる。そして「山野河海」……これは中世社会における生業が営まれた場のことである。産業と対になった現代とは異なり、まさに山・野・河・海におけるあらゆる自然的富と結合した人の営みであることを示している。

　網野の説明を聞こう（要約）。「従来は目もむけられることのなかった非農業的な生業……山野河海における多様な生業、漁撈、海藻採取、製塩等の水産物やその加工、狩猟や牧畜、皮革の生産、さらに豊富・多様な樹木の栽植に依拠した果実の採取、さまざまな木製器具の製作、材木の建築材としての利用、薪炭への加工とそれを燃料とする鉱産物、焼物の大量な生産、そして桑による養蚕、絹、綿、苧麻による布などの衣料生産、これらのさまざまな産物の交易、商業、流通、金融、それを支える海、川、陸の道の濃密な交通などが、人間の生活を支える不可欠な要素であり、しかもそれらがきわめて古く遡ること」（同275頁）、そのことに注目したい、という。


◇ 百姓の実像

　網野の結論は次のようなものであった（要約）。

　　……当時「ひゃくせい（百姓）」とよばれていた者は上記の生業を担った民衆の総称であり、農民（農業者）のことではなかった。これらはすべて販売物（……成果物をまず自給にあてる「農業」との違い）であり、かなりの遠方にまで出向き、

売り歩いた。これら物品の運搬と販売、すなわち「商業」を担当したのは女性であり、金銭を直接手にするがゆえに、当時の「百姓」世界における女性の地位は極めて高いものであった。中世社会の彼女らは、決して家父長制に捉えられた「見えない存在」ではなく、独自の活動領域をもち能動的に活動する「経済人」であった。

もちろん農を手がけないことはないであろうが、生産物のほとんどを遠くの市にまで出向いて販売するという点でも、その担い手が女性でそれゆえに女性たちの行動の自由度は大きく、かつ財力もあったという点でも、少なくとも後世の農民像とは大きく異なった存在であった、というのである。

しかし、「それは中世の話、士農工商の身分制がとられた近世になれば農は農だろう？」などという疑問がただちに浮かぶであろう。次に、その近世をみてみよう。

◆ 江戸時代には「百姓は事実上農民になった」のか？

近世の入り口には太閤検地があった。

士農工商の身分により居住地が区別された。城を囲むように武士が、その外側に商・工業者が集住し（城下町）、農民はさらなる外延（村）に配置された、こうして中世の百姓は商・工と農に截然と振り分けられた、そのように見えた。これが「兵農分離」であるが、近年の研究では、「兵農分離」を名乗る法令自体がないうえ、実態は多様であり、少なくともこれほど明確な身分別居住が実施されたわけではないようである。

　同様の誤解は初期の網野にもあったようで、1980（昭和55）年
段階 では、中世とは違い「近世以降は『お百姓さん』という言
葉からもわかりますように農民をさす語になっています」と自
説を訂正していた。しかし、1997（平成9）年 には自説を再度撤
回し、「近世においても『百姓』は……『農人』だけでなく、商
人、船持、手工業者、金融業者等、多様な非農業民を含」み「無
高民の中にも、土地を持てないのではなく全く持つ必要のない
商人、廻船人、職人などの富裕な都市民が数多くいた」したが
って「近世における百姓もまた農民と同じではない」と訂正し
たのであった（ただ、このような言い方の範囲では、冒頭で記した、近
世史家の一般的見解との差が読み取れない）。

◆ 「江戸時代農民比率8割弱」は史料の読み間違い

◇ 農民比率8割弱の算出過程

　もう一つ驚くべき指摘をしている。「江戸時代の農民比率八割
弱」もまた今なお持続する「常識（……高校でもこのように習う）」
であるが、それは「史料の誤読」であったという。

　すなわち、〝明治五年から九年にかけての職業別人口全国統計
を、『農』が七八％、『商』が七％、『工』が四％、『雑業』が九％
で、『傭人』が二％などとしているが、これはおそらく『壬申戸
籍』によったもので、そこに記されていた「百姓」を、職業を
示す「農」と同じだとみて処理したものだろう〟、と。結局はこ
の数字をもって「明治初年の日本の産業構造のなかにおける農
業の比重がいかに大きかったか」と結論づけてしまった（農的世
界の単純化とそれゆえの過大評価）というのである。

◇ 身分と職業の違い

　この誤りは、身分由来の概念である「百姓」と職能を意味する「農民」を混同したもので、このような大変な間違いが生じたのは、壬申戸籍（明治5・1872年に作成された明治政府最初の戸籍）の作成にあたり明治政府が「職業分類を士農工商でやっ」てしまったことに起因する、という。統計の作成現場に与えられたマニュアルが「農・工・商」しかなかったため、「百姓も水呑・亡土（土地を所持しないもの）もすべて「農」とするほかなく、城下町の町人だけが「工」「商」にされ、制度的に村として扱われているところはみな「農」になってしまったからである 。

　したがって、「江戸時代は農民が8割弱」とは、農村地域に存在していた多様な職能をすべて「農」にカウントすることによって生まれた「錯覚」であり、近世末には「商工合わせて三〇〜四〇％ぐらいの比重があった」ことは確実で、しかし「それは専業の商工業者だけではない」が、それらを全て「農家の副業」としてとらえ位置付けてきたところに大きな錯誤（現代的感覚でとらえてしまい、「近世における本当の庶民生活はなにもわからない」）があった、というのである。

◆ 「江戸時代の百姓と村」の実際──山口県西方村の事例分析

　では、実際の「職業」はどのようなものであったのか？　近世の土地台帳の性格上、「事例的にしか判明しない」としつつ、職業もわかる稀有な史料「防長風土注進案」を使い山口県旧大嶋郡西方村の事例分析をした。その結果を要約すれば、次のよ

うである。

　同村は総戸数508、うち140が本百姓で362が亡土（農地を持たない者）である（残り6は、寺2、社家3、医師1）。本百姓は農人132・大工3・商人5からなり、亡土は農人（現代風にいえば小作農）292、大工33、木挽4、桶屋2、鍛治6、紺屋5、商人8、廻船5、漁人6となる。牛が183頭おり農耕と物資運搬に併用された。船が11艘あり、うち5艘が廻船、6艘が漁船であった。廻船の1艘は千石積み、もう1艘は850石積みで、とくに前者は当時の日本では「最大規模の船」といえる。

　「産業」として、「布、大縄、小縄、大引縄、煎海鼠などの産物」が、「物産」として、「五穀、雑穀、野菜、竹木、果樹さらに花、薬草、禽獣、虫、魚の名が記されてい」た。これを壬申戸籍「マニュアル」に従えば「ほぼ100％が農民の純農村」になるが、実際は「約16％の非農民」がいただけでなく「大型船を運用する巨大運輸業の拠点」でもあった。さらに「農業の暇日には、男は日傭稼ぎ、女は織機等」「大工、木挽も少々は御座候」「漁業の者も少々御座候」「山子稼ぎ仕り候者も少々御座候」等の記載があるうえ、これと上記の「産業」「物産」の記事を関連付ければ、農民自身も多様な非農業的世界に深く関与していたことがわかる。以上をふまえ、およそ次のように言う。

　……男が田畑で耕作をやり、女性が養蚕や機織りをやるのが標準的な「百姓」のあり方であり、こういう百姓についても、「農民」というだけにとどめてきたところに大きな問題があった……生業の多様さは、むろん地域資源の多様性の反映である。地域資源とともに生きる人びとはそのバラエティに即して百姓

とよばれた。中世はむろん近世においても、村（その構成員が百姓である）経済は「その資源的多様性を反映した種々の生業」に支えられて高いアクティビティを有しており、農民もまたこれらの非農業世界に深いかかわりをもって存在していた。

## 2　応用問題を少し——明治維新史と女性史

　私は、網野の主張に大きな無理はなく、むしろ日本の歴史像を一新する魅力的な議論だと思う。「地域資源に対応した社会的分業（仕事の拡がりと分化）の姿を明らかにする」という観点から、圧倒的多数（8割弱）を占める「農」の内実を再検討する……こうであってこそ、歴史は「その後」につながる知見となるように思う。現状では近世／近代の相互関係理解は十分とはいえず、明治維新は専ら「政変」として語られているようにみえる。

### ◆ 明治維新史との関連

とくに明治維新との関連で三点述べてみたい。
　①網野がいうように「8割弱が農民」ではなく「5割？」、すなわち「社会的分業がはるかに広範に形成されていた」とすれば、明治維新がアジア初の近代革命たりえたことはよくわかる。そのように立論すべきではないのか。
　②さらに、明治新政府の初年度予算のほぼ8割は地租（＝農業税）であった。これは初期工業化の経済的サポートを農業が担えたということであるが、「地租で8割」に耐える強さ・豊かさの根拠も、「農」とされたものの経済基盤の多様さを

考えれば十分理解できる。これも具体的に論点化すべきで
はないか。

③他方、「産業革命を女性が担った」という西欧諸国にはみら
　れない特質がある。日本産業革命の中心産業がパックス・
　トクガワーナの下で成長してきた繊維産業であり、女性は
　それを支える技能集団だったからである。この意味をクリ
　アにするような説明／位置づけが必要であろう。

　なお、③に関連して次のような説明もある（要約）。……養蚕
も百姓の女性たちがみなやっており糸もとった……「女工さん」
が明治以後の近代産業としての製糸業を担っていくことの源流
は、きわめて古くまで遡る……この「ふつうの女性」に蓄積さ
れた技術なくしては製糸が花形の輸出産業にはなりえなかった
……あらゆる産業について「百姓－平民的な基盤」を考える必
要がある。

　さらに次のような逸話の紹介も。……大工－木工技術にして
も同様で、百姓は自力で自分の家を建てている……そのレベル
は、江戸末期・西伊豆でプチャーチンの船が難破した際に百姓
が補修してしまい驚かれた（ロシアの村にテクノクラートはいない、
と）ほどであったと。

　以上のような網野の見立ては、現在の「通説」がもたらして
いる江戸時代と明治近代との間にある「断絶」に、「庶民・職」
の側から太く架橋するものではないか、と思う。

同じようなことを日本女性史との関連で指摘したい。まずは、ルイス・フロイスの『ヨーロッパ文化と日本文化』である。

◇ フロイスの指摘から

安土桃山時代に日本に滞在（1562-97）したポルトガル人宣教師の「驚き」が綴る「日本論」は全編興味深いが、うち「家族・女性」に関わる部分をいくつか抜き出すと次のようである。

○ヨーロッパでは妻は夫の許可がなくては、家から外に出ない。日本の女性は夫に知らせず、好きなところに行く自由を持っている。

○ヨーロッパでは財産は夫婦の間で共有である。日本では各人が自らの分を所有している。時には妻が夫に高利で貸し付ける。

○ヨーロッパでは娘や未婚の女性を閉じ込めておくことはきわめて大事なことで、厳格に行われる。日本では、娘たちは両親に断りもしないで一日でも数日でも、一人で好きなところへ出掛ける。など、である。

ヨーロッパと日本の位置が逆ではないかと私たちのほうが驚いてしまうが、しかし、時代はずいぶん下がるにせよ、網野の百姓理解とは極めて整合的であり興味深い。

網野は、いわゆる農民との違いを「生産物は自給ではなく販

売すべきもの」であることに置いている。「遠方まででかけて売る」のは女性の仕事、したがって「経済感覚」を豊かに獲得するのも、実際に「現金を握る」のも女性であり、その「地位は明らかに高かった」と主張するのである。「女性は経済人であった」とも言っていたが、私には、「経済人だったから」行動の自由も現金も地位の高さも獲得できた、と読める。いわゆる農民とは相当に違う生活・行動様式をわがものにする存在の独自性を、より明確に位置付けるべきではないかと思うのである。

◇「三行半」の研究との関連

　翻って、近世において「三行半（離縁状のことである）」を突き付けたのは、武士階級を除けば夫と妻でほぼイーブンという研究もあった（高木侃『三くだり半の研究』平凡社1999。ずいぶん話題になった記憶がある）。これも現代の一般的農村家族イメージとは大きく違うであろう。

　なお、先に産業革命との関連で紹介した「女工さん」についての網野の理解（日本産業革命の担い手という）は、当然「女性史」の側からも位置付けられて当然であろう。

　これらの知見は、農学・農業経済学における発想を強く規定している「経済合理性に著しく偏した発展像」……「兼業農家」や「混住型農村」に対する低い評価を是正し、むしろ多就業性・混住性を「魅力」「個性」そして「力」と考える眼差しを提供してくれるように思う。

# 3 | 「農業構造変化」の歴史過程（1）
## ──直系家族農業の行動様式

　今度は、まさに「農」そのものに注目したい。驚くべきこと
に、近世以来ごく最近（昭和の半ば）まで、農業経営規模は一貫
して縮小傾向をとってきたという、これまた驚くべき事実があ
るからである。しかも経営規模は縮小するが経営として衰退し
ているわけではない……〝規模縮小を通じた発展〟である。

　ここでの論点は、先の網野の「ひゃくせい」的側面ではなく、
経営規模を縮小させながら農家経営を成立させてきたという、
まさに日本的な個性を確認することである。

　以下、その過程を順次たどってみよう。


## ◆ 直系家族農業の形成と経営規模縮小傾向

### ◇ 近世期の変化──家族形態と奉公人の変化

　表5-1は、近世史家・水本邦彦がとりまとめた甲斐の国平地
村における江戸時代の家族形態の変化である。

　同表の、「家族」にかかわる右側の3列の「比率」を中心に変
化をみたい。以下の諸点が指摘できる。


　①「直系家族」比重が大幅に増えている（約40％から80％へと
　　倍加）。
　②反対に、「奉公人を持つ家族」が着実に減っている（約26％
　　から7％へ）。

表5-1　家族形態の構成と変遷（甲斐国）

| 時　期 | 総戸数 | 直系家族 | 複合大家族　※ | 奉公人を持つ家族 |
|---|---|---|---|---|
| I期　1699年以前 | 1,070(100.0) | 431(40.3) | 1,004⟨93.9⟩(33.5) | 280(26.2) |
| II期　1700–1749 | 1,980(100.0) | 1,213(61.3) | 612⟨31.0⟩(14.4) | 482(24.3) |
| III期　1750–1799 | 1,036(100.0) | 813(78.5) | 88⟨8.5⟩(　7.6) | 144(13.9) |
| IV期　1800年以降 | 1,534(100.0) | 1,223(79.7) | 213⟨13.9⟩(13.3) | 107(7.0) |

（注）水本邦彦『村─百姓たちの近世』岩波新書、2015 年、158 頁　表 4-7 を一部加工。
※　複合大家族‥原票中の「傍系を持つ家族」「抱屋を持つ家族」「譜代下人を持つ家族」「門屋を持つ家族」の合計。原表にも説明がないが、この 4 者には重複があり、とくに I 期・II 期には極めて大きいと考えられるので、「直系家族」と「奉公人を持つ家族」の両欄のみを使うことにする。

　③「複合大家族」は、第1期はほぼ三分の一を占めたものの、以後はその4割以下へと比重を減らした。

◇ 直系家族とは

　直系家族とは、典型的には、祖父母・両親・子どもたちの3世代から構成され、家・土地などが1人の子どもに一括して相続されるような家族のあり方のことである（単独相続だから、代が変わっても「家がまるごと」継承されていく……これが直系の意味である）。複合大家族が急減し直系家族という小さな家族になり、かつ営農の手伝いもする「奉公人」が減るのだから、「経営規模の縮小」は当然の帰結であった。

　もう一つ重要なことが指摘されている。「一八世紀後半期以降……一九世紀に入ると奉公人賃金の高騰などから、上層百姓が手作経営を止めて所持地を小作に出すケースが急増」（162頁）したというのである。以上のように、「大家族から直系家族へ家族

規模の縮小」と「奉公人賃金が高騰したので家族労働に切り替え」がすすみ、「したがって農業経営規模縮小へ」とは、日本近世史の「通説」だといってよい。

◇ 直系家族と農業

　日本の直系家族は、先祖の位牌のもとに家名・家産を共にする、最も強力で安定した「（運命）共同体」である。生産現場の傍らに一家として居住する最も多彩・綿密な労働の担い手であり、積み上げられた蓄積（たとえば土地合体資本としての水田）を確実に継承するという点で、環境形成型・中耕除草農業の担い手にふさわしい特性をもっていた。日本農業が、長期にわたり「家族経営」を保持し、それどころか「経営規模縮小」という集約化に向かったのはその反映である。

　なお、家族労働力でいとなまれる農業経営を「小農」という。この言葉を使えば、以上の過程は「小農化」と表現できる（……経営規模の大小とは無関係であることに注意。機械化がすすめば小農の経営規模は巨大にすらなるのである）。

◇ 同時代の西欧農業──規模拡大の全面化

　西欧農業が、封建農法（ピーク＝三圃式農業）から近代農法（輪栽式農業）へ転換したのは江戸時代の終盤のことである。輪栽式への転換（農業革命）の過程で、共同体の縛りは不要になり、農業者は自らの裁量に基づいて自由に競争することが可能になった。その後、開発される農業機械の性能に応じて「適正規模」はどんどん増え、またたくまに「100倍にもなった」と言われて

いる。先の日本の状況と比べてほしい。

## ◆ 近代＝近世的規模縮小運動の継続

　では、急速な工業化をとげた近代日本ではどうだったのだろうか？

### ◇ 明治以降の経営規模変化状況

　表5-2をみてほしい。ここでは、統計上把握できる「5ha ≒ 5町歩」層の推移から動向をみてみたい〔なお、5ha以上層とは現在でも「担い手」たりうる「上層（の下限）」と考えられている〕。

　本表から次のようなことがわかる。①「経営規模5ha以上の大経営」は、統計を取り始めた1908（明治41）年以後も、一貫して減少し続け、終戦直後（本表では1949年）に最小となった。②以後、同層は確実に増加するが、それでも2000（平成12）年でやっと1908（明治41）年段階に追い付いた、という極めて遅々たる

表5-2　5町歩(ha)以上農家戸数(2010年以降は経営体数)の推移(都府県)
(単位＝千戸)

| 年次 | 1908 明41 | 1920 大9 | 1930 昭5 | 1941 昭16 | 1949 昭24 | 1960 昭35 | 1970 昭45 | 1980 昭55 | 1990 平2 | 2000 平12 | 2010 平22 | 2015 平27 |
|------|------|------|------|------|------|------|------|------|------|------|------|------|
| 戸数 | 42 | 24 | 13 | 7 | 659 | 2 | 6 | 13 | 26 | 43 | 68 | 74 |

注）1949年を除き農林水産省「経営耕地面積規別農家数」より作成。
　1949年のみ加用信文監修『改訂日本農業基礎統計』農林統計協会・1977年・101頁「経営耕地規模別農家数〔Ⅱ〕都府県（1）明治41年〜昭和29年」「同（2）昭和30〜50年」より。
　10年刻みで表示することを基本においたが、1908（明治41）年は統計初年度なのでそのまま記した。1941（昭和16）年は戦時体制下の変化がわかる最後の年次なので1940年に代えて記した。(659)は実数である。
　1949（昭和24）年は5町歩以上層が最小値を示す年次なので1950年に代えて記した。1,000を割り込んだ同年のみ実数で記した。

ものであった。③しかしその後は増加テンポが急上昇し、2015年センサスでは表5-3（第4節）の水準に達したのである。

　　◇日本農業にかかわる「三大基本数字」
　かつて、「三大基本数字」というものがあった。
　明治時代の農政家・農業経済学者である横井時敬（ときよし）が言ったもので、「農家数＝約550万戸、農地面積＝約600万町歩、農業就業人口＝約1400万人」をさしている。もちろん市場経済下では離農（人の変化）も潰廃（土地の変化）もあったが、「稲作北進（技術革新により稲作の北限がどんどん北へ伸びていくこと）」という言葉があったように東日本・北日本にはまだ農地・農業拡大の余地があった。したがって、農地・農家の分布は徐々に北へシフトしながらも、全国レベルでみればほぼ一定量を維持していたのである。それが崩れるのは、実に、第二次大戦後の高度経済成長期のことであった。
　参考までに、他の諸国との変化状況の差異を、「農業就業者比率（対全就業者）」において比較しておこう。（　）内は調査年である。日本における高さが際立っていた。

　　　　日本（1920）55.6％　　　　フランス（1911）42.6％
　　　　北米（1920）33.2％　　　　イギリス（1911）13.1％
　　　　ドイツ（1920）31.6％

# 4 | 「農業構造変化」の歴史過程（2）
#### ——構造政策下の変化

## ◆ 日本農業構造変化の概要

### ◇ 農業構造改革とは

「農業構造変化」とは、同質的な農家にバラエティが生じてくることである。

通常は、経済発展と技術進歩の2条件があれば、「新しい技術とそれにふさわしい経営規模（適正規模という）を実現し市場向け生産を発展させる上層」と「競争に負け、経営規模を縮小しリタイアする傾向をもった下層」に分化してくる、とされる。農業経済学ではこのような分化を農業発展の典型的コースだと考え、「農業構造改革」「農民層分解」などとよんできた。

現在の日本農業は、かつてのように米中心の土地利用型農業（水田農業）から、野菜・果樹などを中心にした土地集約型／施設型農業や畜産に大きくシフトしてきており、経営面積の大小のみで「農業構造変化」「農民層分解」を論じることはできない。ただ、日本農業一番の困難は、穀物など広い面積を使う土地利用型農業の不利性にあり、これまでも「構造改革（規模拡大／土地の面的集積）」こそが重大課題であり続けてきた。

### ◇「日本は構造改革不能地帯」と言ったことがある

私は前著『日本農業の発展論理』（2012）で、「世界標準という

観点からみれば日本は農業構造改革不能地帯である」と述べたことがある。「世界標準」とは「世界市場（貿易自由化）に対応できる」という意味である。

　同書執筆時点ですでに2010年センサス数値が公表されていた。2005年センサス以後わずか５年で、かつてとは異なるスピードで大規模層が増えたことはずいぶん印象的ではあったが、次のような思いが強かった。①スピードは速くなったが絶対値（大規模層のシェア）はなお限定的である。②農地供給は増すだろうから大経営は増えるだろうが、それは、いわば「農業困難への対応」でもあり、「社会貢献としての借り受け」も増えていくであろう……いずれも「世界標準（世界市場への対応力の形成）」とは言い難い、と。

◆　　大規模経営の形成と論点

◇ 2015センサスの示す実績
　2000年以降経営規模の拡大は急進展し、2015年には表5-3の

表5-3　2005/15年の経営規模別経営体数変化(都府県)

|  | 2005年 | 2015年 |
|---|---|---|
| 1ha 未 | 1,124,908(100) | 722,464(64) |
| 1－5ha | 774,485(100) | 539,594(70) |
| 5－20ha | 51,634(100) | 64,428(125) |
| 20－50ha | 3,119(100) | 8,107(260) |
| 50－100ha | 459(100) | 1,537(335) |
| 100ha 以上 | 159(100) | 422(265) |
| 以上合計 | 1,954,764(100) | 1,336,552(68) |

注）「2015年世界農林業センサス結果の概要」より作成

ようになった。とくに20ha以上経営は10年間で2.5倍以上に増え、かつては北海道でしかみられなかったような大経営が、今や都府県でも珍しいとはいえないレベルにまで増加した。

◇ どう評価できるのか

　しかし、①「100ha経営を1万」という政策目標からすれば、なおはるかに低い。しかも、当然集積可能なところから手がつけられているわけだから、どこまでいけるものなのか、予断を許さないだろう。②経営規模拡大はそこそこの成果を収めているが、構造政策がめざしたのは国際競争力の強化すなわち生産価格の大幅低下であった。しかし、図5-1に示されるように、生み出された大経営の費用曲線はこの10年近くほとんど改善がない。ここまで大型化が成功しても、明瞭なコストダウン効果が経営規模5haどまりでは、世界標準たりえないだろう。

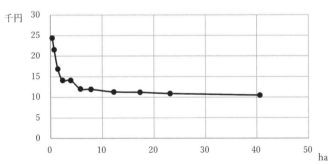

60kg当たり全算入米生産費と作付面積の関係

注）香川文庸作成。資料：農林水産省『農産物生産費』平成29年

図5-1　費用曲線

したがって、「構造改革により自由化に抗しうる」という論理は今後も成り立たないのではないかと思うのである。

◆ おわりに

　最後に、名実ともに構造改革の大成功者である、現代日本を代表する大規模農業経営（農事組合法人・サカタニ農産・富山県）トップの述懐を紹介したい〔酒井富夫「農事組合法人サカタニ農産（富山県）の形成と展開」『大規模営農の形成史』農林統計協会2015より引用〕。

　　「田圃に人がいない。農繁期に機械が動いているだけで、土　日にも田圃に人がいない。……殺風景になった。これは我々の責任というか田圃を請け負ったりして効率化を求めれば求めるほど農村の風景が変る。昔は関わっていた人たちが（日本の地域農業の将来の担い手）予備軍だったが、今はいなくなった。効率化を求めすぎた弊害だと思っている」（サカタニ農産・法人代表）。

次は、この「述懐」を紹介した酒井富夫のコメントである。

　　「これがこの半世紀、着実に規模拡大を図ってきた農事組合法人サカタニ農産の現在の認識である。そこには、農業基本法以来、今日に至るまで日本の農政が追求してきた大量生産・大量流通型の農業、いわゆる近代化農業に対する強烈な批判と反省がある。本法人自らがモデル的に追求してきた路線だけに、その意味は重い。土地利用型水田農業

　の今後のあり方を考えさせてくれる好例である」

　両者がつきつけた問題は「重い」。「近代化農業の推進」という政策の中軸は、個別経営の合理化・大規模化の追求であった。「これで農村は壊れないか」という危惧は以前より出されていたが、「経済的発展を確固として遂げること」こそ農業・農政問題打開の大前提だとずっといわれ続けてきた。

　しかし、そのような政策的要請に最も応ええたトップクラスの経営者が、「個（自らの経営）」とともに「地域（社会）」の発展こそが、「欠くべからざるもの」だというのである。言い方をかえれば、「社会も一緒に豊かになることは、当初より自己の経営目標でもあった」ということにもなろう。

　このような感覚は西欧農業にはあまりない（消費者へのまなざしはあるにせよ）のではないか？そして、それは、もともと農村住民も農村経済も混住的であり多就業的であり、相互の依存関係に支えられてこそ農村社会が存在していたという日本歴史のあり方と無関係ではないのではないか？

　これからの農業・農村・さらに広い地域のありかたを考えるうえで、重要な問題が提起されていると私は思う。

◎用語解説───────────────
**直系家族と農業**：家族人類学者エマニュエル・トッドが直系家族が自作農（家族単位の自作地所有）という形態とフィットしていることを主張している。およそ次のようである。
　　　直系家族が優越する地域では、単独相続が社会的通念であり、

自作農制への志向が一般化する。ここでは、農地は単なる生産手段ではなく自らの歴史と個性の証明でもあり、世代を超えて継承されるべき「家産（家として継承し続けていくべき財産）」でもある。したがって、この地の農民たちは定住性が高く、農村は独特の郷愁をともなうハイマート（故郷）となる。

　そして、次のようにも言う。日本の戦後高度経済成長は、子供たちを都会へ吸引することによりこの関係を危機に陥れているが、それを埋め合わせるための行為が、都会へ出た若者たちが「故郷」へ一斉に向かう「盆と正月の民族大移動」である、と。

◎さらに勉強するための本————————
野本京子『「生活」「経営」「地域」の主体形成』農文協、2011年
坂根嘉弘『日本伝統社会と経済発展』農文協、2011年
網野善彦『宮本常一「忘れられた日本人」を読む』岩波現代文庫、
　　2013年
渡辺尚志『近世百姓の底力——村からみた江戸時代』敬文舎、2013年
水本邦彦『村——百姓たちの近世』岩波新書、2015年

## 農業史こぼれ話5

### 日本一の大地主はなんで東北に？――大地主形成の条件

　かつて、近代日本の農業を「東北型」「近畿型」に区分することが多かった。東北型は「後発的・水稲単作・低生産力・大地主」、「近畿型」は「先発的・二毛作・高生産力・小地主」の地帯とされてきた。実際、日本一の大地主は山形・庄内の本間家であり所有小作地面積約1750町歩（大正13年）、「家から駅まで自分の土地を歩いていける」などといわれていた。他方「近畿型」地域では50町歩もあれば大地主であった。

　しかし、これはずいぶん不思議なことであった。江戸時代の農民には重い年貢が課せられているのだから、年貢を支払っても小作料を潤沢に負担できる余裕が農村にないかぎり巨大地主など存在できない。しかし低生産力地域では、いくら計算してみても、地主・小作関係が成立することは極めて困難であったからである。この疑問にこたえたのが、阿部英樹氏の研究であった。

　近世では、その出発点にあったいわゆる太閤検地で本百姓が確定され「所持」する農地も決まる。年貢はそれに基づいて課せられた。当然、変動はありえる（開墾すれば増え、潰廃すれば減る）から、それをチェックするため適宜「再検地」することとなっていたが、膨大な手間とコストを要するため殆ど行われることはなかった。したがって、開発後発地帯である同藩に広がっていた広大な荒蕪地を、「隠れて」精力的に農地化しつつ幕末に至ったのであった。その結果、地租改正時点には「台帳面積」の約1.8倍もの「実面積」をもつまでになっていた。言い換えれば、年貢負担は本来課せられている負担の1.8分の1で済んだのであり、これが巨大地主形成を可能にした秘密だったのである。

　その後、池本裕之氏により、紀州藩領でもこれに類似した「二重帳簿」が作られており高い小作地率を生んでいたことが明らかにされた。ここでは、「何反何畝」という土地台帳に記載されたフォーマルな面積表記とは別に、農地の実面積をあらわす「何人植」という農民的土地把握による面積表記、いわば（3人植 ≒ 1反だという）が流通していたのである。もちろん広いのは「人植え」で示される方であり、ここでは、農地は「2反9人植え」などと表記されることになる。この場合、台帳面積は2反だから2反分の年貢を納める必要があるが、実面積は約5反なのだからその差額（3反）分は自分の懐に入れることができる。紀州藩各村では、このような「二重帳簿」により農地の便宜的（実は合理的）再配分がなされたのだという。

　実際の農民の姿は、かつての、「年貢負担に喘ぎ続けた近世農民」のイメージとはかけはなれた、実に巧みな、生きるための逞しい知恵をもった人々であったと言わなければならない。現代に生きる私たちも、現代にふさわしい「巧みで逞しい知恵」を持ちたいものである。

（引用参考文献）阿部英樹『近世庄内地主制の生成』日本経済評論社、1994年
　　池本裕之「近世地主制の形成と縄延び地の存在―縄延び地を含む小作米収取
　　　慣行の成立に着目して―」（『農業史研究』第45号 2011年）

# ギモンをガクモンに

No.6

## 近世の村がよみがえった！？
…… 農家小組合というもの

「農家小組合」……馴染みがない言葉でしょうね。これは、とりわけ大正期以降に盛んに作られ、戦時中にはほぼ全国を覆いつくした農業共同組織の通称です。

この時代は、本格的に都市化がすすみ、「農業の不利化」とよばれる事態が問題になりました。小組合は、このような状況に対処してつくられたものです。

すでに法に基づいた農会・産業組合といういわば官製の組織があったのですが、それとは別に、近世村や農業集落を範囲にした任意の組織としてつくられ、しかも最終的には、ほぼ全国を覆い尽くしました。

「個と集団」が互いに支え方を工夫してきたということ……これからの時代にとっても何等かの参考になるかもしれません。

# 第6章

## 大正期・「近世村」が
## よみがえった？
### ――村と農業共同システムをめぐって――

**キーワード**

農家小組合、農事実行組合、近世村、農業集落、農会、産業組
合、総力戦、農業の不利化

◆ はじめに

　大正期には、工業化・都市化の進展とともに「農業の不利化」
といわれる状況が顕在化してきた。都市への人口流出（「向都熱」
といわれた）もすすみ、農村は労働力不足に陥った。

　本章で注目するのは、「不利化」に対処するため、なくなった
はずの近世村が呼び戻されたことである。もちろんこれは不正
確な言い方であり、近世村そのものが復活したわけではない……

そこで培われてきた農業の共同性を母体にして、「農家小組合」と通称された新たな農業組織が生み出されたのである。小組合自体は「市場経済への対応」を意図した目的集団（近代的性格をもった組織）である。

1888（明治21）年に明治政府は市町村制を施行し、平均すれば、旧近世村5、6村程度を合体して明治行政村（行政単位としての村）をつくった。したがって、旧近世村はフォーマルな組織としてはなくなり、多くの場合「大字」などとよばれる、行政町村のインフォーマルなしかし事実上の下部組織として存在し続けることになった。近世村内部にあった農業集落は「小字」とされることが多かった。

フォーマルな組織としては消滅した旧近世村や内部の農業集落（小村）が蓄えてきた「共同性」が「農業不利化」への対抗のために「農家小組合」としてよみがえった、といえようか。

## 1 | 大正期における「農業の不利化」と農家小組合

◆ 時代状況と「農業の不利化」

◇ 経済発展と農業問題の変化

　戦争は、しばしば経済発展の大きな節目になってきたが、とくに第一次大戦が大きかった。初めての世界大戦＝破格の規模（「総力戦」「総力戦体制」という言葉もできた）」であったうえ、西欧諸国への物資供給を担ったため工業が急成長したのである（急に大金持ちになった人をさす「成金（なりきん）」という言葉もこの時代に

できた）。その影響をうけ、工業／農業の格差が開いた。

　この時代には「農業の不利化」「農業問題の性格が変わった」などの認識が生まれた。「性格が変わった」とは、「増産で改善しうる生産問題」から「経済問題＝交易条件の問題」になったということである。他方、農業にとって有利な条件も生まれていた。都市（消費の量と質）の拡大が新しい需要を急増させつつあったからである。そうであれば対処策は二つ、都市の需要にみあった作物をつくり、しかるべき価格水準で売れる体制を整えることであろう。農家小組合はそのために生み出された。

◇　農家小組合への期待

　この時期にはすでに、国法に基づく農業・農民組織として、農会（1899年明32、農会法）と産業組合（1900年明33、産業組合法）があった。前者は指導・教育組織、後者は経済組織……信用（金融事業である）・購買・販売・利用（……機械・施設の利用である）という四種事業を内容とする協同組合である。いずれも府県レベルに連合会が置かれ、市町村（自治体）レベルに支部を置くことができた。しかし、都市需要に対応した新たな生産体制をつくるには全く不備であった。農会は指導組織、産業組合は経済組織であり、生産を担う機能がなかったからである。そして、市町村は基礎組織になりうる地域単位ではなかった。

　このような状況下で、「生産体制の刷新」という期待を背負って立ち上げられたのが農家小組合である。もっとも、農会・産業組合と無縁であったのではない。指導機関である府県農会や農政に責任をもつべき府県や市町村がその必要を認め、熱心に

設立を推奨したのである。なお、農家小組合とは当時の通称であり、主には府県ごとに、たとえば、農事小組合・部落農会・農事組合・部落農区など様々な呼称があった。

◇ 地域型と事業型……2種類の小組合

　農家小組合（以下、小組合と記す）の中心は「地区」基準のものであったが、それとは別に「事業」基準の小組合もあった。「近世村がよみがえった」と表現したのは「地区」基準のもののことである。

　「事業」基準とは、土地利用型組織ではなく、地域から離れて点在する生産者を産地として広く結合したものであり、ここには「近世村」の匂いはほとんどない。たとえば、採種組合・養鶏組合・副業組合（藁加工品ほか）などである。したがって、旧近世村や農業集落を単位とした小組合が結成されつつ、それとは別に事業型小組合が広く「産地」に網をかけるように結成されることになったといえよう。農家によってはこの二種類の小組合に同時加入することになったのである。

　1928（昭和3）年における組合数は、「地域型」が69.0％（約10.9万組合）と多数を占めたが、「事業型」も31.0％（約4.9万組合）と、相当数を占めた（「事業」毎につくられるので非常に多くなる）。1組合当たりの組合員数は、「地域」のしばりがかからない「事業型」では、組合員2306人（副業組合）という巨大なものもあった（「地域型」の最多は640人）。

◆ 農家小組合の設立状況——全国的概観

◇ 府県農会における設置奨励

　小組合は、自生的に類似組織（1896・明29年の鹿児島が最初とされる）ができはじめた後、各道府県農会によって設置奨励が行われはじめ、大正期に一気に本格化し、昭和には全都道府県に拡大した。

　なお、明治のものは「個人主義化・合理主義化する事極めて浅く……自主性は極めて薄弱であった」といわれており、「農業の不利化」に立ち向かう「目的組織（＝近代組織）としての農家小組合」とよべるのは、大正期のものであったといえよう。

◇ 設置状況と事業種類

　設置はハイテンポで進んだ（表6-1）。1925（大正14）年にはすでにほぼ8万、1941（昭和16）年には約31万となった。農業集落数約15万を基準にすると、最終的に農村現場では、平均すると2つの小組合が重なるように結成されていたことになる。

　なお、1933（昭和8）年における「農家小組合の実施事業比率」をみると、「共同作業＝80.2％」「共同購入＝62.2％」「共同販売＝52.8％」「共同金融＝32.5％」「社会的施設＝25.5％」であった。中心は「共同作業」……再度「生産の組織化」が重要課題とな

表6-1　農家小組合の設置状況と事業種類

| 年　次 | 1925（大正14） | 1928（昭和3） | 1933（昭和8） | 1941（昭和16） |
|---|---|---|---|---|
| 設立数 | 7万9690 | 15万7439 | 23万5036 | 31万2914 |

注）棚橋初太郎『農家小組合の研究』産業図書株式会社、1955年より作成。

っていたのである。

## ◆ 具体事例（滋賀県の場合）1──有志のモデル組合としての出発

　滋賀県を例に実態を紹介する（滋賀県では農業組合とよばれていたので、以下は農業組合と記す）。県農会のリーダーシップのもとで、1923（大正12）年以降、農業組合の組織化が取り組まれ、初年度は各郡1カ所ずつ「模範事例」になることを期待された地区が選定された。ここではその一つである長田農業組合（蒲生郡金田村……現近江八幡市）の組織・事業概要をみてみる（表6-2）。

　注目したいことが3点ある。

表6-2　滋賀県蒲生郡金田村(現近江八幡市)長田農業組合の概要(大正12年度)

| | |
|---|---|
| 創立：大正11年4月20日　　組合経費：予算1,680円　決算1,171円 | |
| 総戸数95[†]（うち農業84、工業2、商業3、その他2）[†]　　組合員戸数21[*] | |
| 組合員所有面積　：　田190・6反　畑11.0反　宅地3,270坪　山林3.5反<br>　同　経営面積　：　田215・7反　畑10反5　宅地3,120坪　山林3.5反<br>　　　　　　　　　　　　　　（田　最小6.0〜15.8反　畑　最小0.1〜2.2反） | |
| 主要作物栽培<br>反別（反） | 稲215.7　　麦25.8　　紫雲英121.0　　桑5.5　　茶0.5<br>蔬菜6.5　　油菜41.0　　竹林0.3　　計416.3 |
| 副業 | 養蚕13枚（春2、夏7、秋4）　　家畜7頭　　家禽115羽<br>養魚86円？　　藁製品310円？　　出稼（賃金）440円？ |
| 労力配給調整<br>共同耕作<br>共同作業場 | 大字ノ余剰田地ナキニヨリ神饌田四畝ノミ<br>大字会議所及便宜ノ宅地田畑地内 |
| 組合設備農具 | 石油発動機　ゼット一半、1台、（使用日数85日）<br>脱穀機　岡山県式　1台、（9日）<br>籾摺機　岡山県式　1台、（32日）<br>精米機　清水式三号　1台、（140日） |
| 節約労力利用 | 製縄製造及他へ日雇ニ従事 |
| 産業組合農業倉庫<br>利用状況 | 組合加入者22人[*]、　出資口数105口　　農業倉庫保管高　—<br>共同販売高　—、　共同購買高900円 |

注）『滋賀県農会報』132号（1924大正13・8）より作成。†と*は数値が異なるがママ

①農家全戸の組織ではなく、まずは有志組織として出発して
　いることである。農家戸数は84あるが、初年度の参加者（組
　合員戸数）は21（もしくは22）にすぎず、組織率はわずか
　に26％前後であった。
②高額な最新農業機械を4台も装備したことである。原動機と
　しての石油発動機と、作業機としての脱穀機、籾摺機、精
　米機である。
③加入要件に出資があり、平均して1人（1戸）あたり4.8口・
　76.4円程度の出資がなされている。

　大正期とは、ポンプや各種農業機械と原動機・発動機が広く
登場し始めた「農業機械化の黎明期」でもあった。滋賀県では、
各種機械を装備し「新しい農業」に取り組む姿勢を鮮明にし、
その課題を担う意志と条件をもった有志によって、農業組合（滋
賀県の農家小組合名称）を発足させたのである。

◆ 具体事例（滋賀県の場合）2——組織率向上と事業内容の拡大へ

　表6-3で大正末の設置状況をまとめた。1925（大正14）年にお
ける組合数は256、延べ事業数は2,276だから、1組合平均8.9の事
業に取り組んでいたことになる。注目すべき点をあげてみよう。

◇ 女性たちのまなざし
　事業の最多は、①各種共同作業による「労働能率の向上」で
ある。これらは単なる共同作業ではない。この時期に登場した

表6-3　滋賀県における農業組合(農家小組合)の事業内容(1925年10月1日・256組合)

| 事業種類 | 事業数 | 主な事業 |
|---|---|---|
| ①労働能率向上 | 562 | 共同籾摺 (178)、共同精米 (146)、共同耕作 (103)、共同精麦 (31)、労力調整 (29)、共同脱穀 (22)、牛耕実施 (15) ほか |
| ②耕種部門改良 | 289 | 品種改良 (62)、米麦採種圃設置 (56)、共同経営 (28)、果樹蔬菜改良 (20) 麦作改良 (18) ほか |
| ③共同購入 | 250 | (多くは内容未記入) |
| ④耕地・水利改善 | 243 | 機械揚水 (93)、耕地集団化 (42) など |
| ⑤共同販売 | 230 | マユ (34)、商品作物＜果実・蔬菜・ビール麦など＞ (19) ほか |
| | | (多くは内容未記入) |
| ⑥農林産加工 | 190 | 製縄 (80)、製筵 (54)、練炭 (13) ほか＊ |
| ⑦養畜関係 | 161 | 養鶏 (84)、養鯉 (50)、畜牛 (17) ほか |
| ⑧福利増進・研究講話等 | 157 | 研究会・講話会 (90)、労働協定・賃金協定 (22)、慰安会実施・娯楽慰安日の設定 (10)、視察 (8) ほか |
| ⑨養蚕関係 | 128 | (多くは内容未記入) |
| ⑩山林・竹林 | 40 | (1件を除きすべて竹林関係事業) |
| ⑪品評会開催 | 23 | (内容不明) |
| ⑫自作農創設 | 5 | (内容不明) |
| 合計 | 2,278 | |

注)「農業組合現況調査(大正14年10月1日現在)」『滋賀県農会報』144号(1926年3月)より作成。「事業数」は延べ数。「主な事業」中( )内数値は実施組合数。＊変わったものでは麻織 (2) 編み笠 (1) などがあった。

籾摺機や精米機・精麦機、さらには役牛の導入を前提とした共同作業の編成であり、先に述べたように、新しい時代にむけての「資本投下と技術革新」であった。

　農業組合長懇談会の内容を伝える次のエピソードが興味深い。「(農業機械がもたらしてくれるわずかばかりの時間的余裕について……こ

れも史料原文である）此等に対し最も深く感じたる点は婦女子の生活を向上したること」であり、今や「『エンジン』を使はざる家は嫁の来てなし』との標語を見出すに至れる」（『滋賀県農会報』第121号・大正12年4月）……機械化を最も歓迎しているのは、実は農家の女性たちだというのである。「女性たちの意向」が男たちを動かしはじめているところが面白いであろう……なお、戦後高度経済成長期に生まれたように思われている「農村花嫁問題」という言葉は、実は、この時期（戦前の高度経済成長期？）に登場したものであった。

◇ 商品作物・共同販売の取り組み

　①⑤⑪に共通するのは、商品作物の生産および販売……すなわち、「都市の新たな農産物需要」への対応である。②は、米麦および蔬菜類の品種改良と採種圃の設置で、⑪はその気運を盛り上げるための組織的手立て……「品評会」の実施である。

　そして⑤は、生産者自体が直接市場と結びつくための努力である。共同販売の対象生産物には記入漏れが多いが、マユ（34）、商品作物〈果実・蔬菜・ビール麦など〉（19）など、大正末滋賀県の全体傾向はわかる。マユが最多であるが、当時はアメリカ市場向けに大量の絹製品（代表はストッキング）が輸出されていたから、原料マユの売り込みに力が入れられていた。果樹が共販の対象となっているのも、ビール麦が加わっているのも、この時期の都市における新しい需要の一端を示している。

　⑦の「養畜」も同様の新しさを示している。養鯉とは水田と溜池を利用したコイの養殖であり、「養畜」に分類された畜牛

は、役牛として使役した後濃厚飼料を与えて太らせ、高級肉として市場出荷する……近江牛ブランドの端緒である（こぼれ話7）。

◇「福利増進・研究講話」等への取り組み

研究会・講話会（90）、労働協定・賃金協定（22）、慰安会実施・娯楽慰安日の設定（10）、視察（8）……。　多い順に並べてあるからわかりにくいが、労働協定・賃金協定と慰安会、娯楽日設定などが「福利増進事業」、その他は「研究講話」に分類できよう。ただ、労働協定・賃金協定は、「福利増進」の意味だけでなく、他の農家小組合（農業組合）との競争を防ぐために、地域的な協定をするという意味もあった。他方、研究会・講話会は最多の90、これに視察の8をプラスすれば98となる。設立された小組合は、実に勉強熱心だったのである。

「農業の不利化」の時代ではあったが／あったからこそ、目線を「新たな需要」に向ける努力が重ねられた。農業に「新たな息吹」が生まれた時代でもあった。その「最新の動き」を支えたのが「近世由来の共同性」であるところが面白いであろう。

◆ 世界恐慌から戦時体制へ──農家小組合から農事実行組合へ

小組合の設立は、昭和になっても衰えず、むしろ戦時体制期に多数の小組合が設立されたが、それは、小組合に対し「戦時の要請」が加わってきたことを意味していた。

◇ 変質の第1：世界恐慌と農山漁村経済更生運動

昭和初期（1929年・昭4末）に史上初の世界恐慌が襲い、農産

物が売れず農家経済が破たんした。このような事態を迎え、小
組合の役割は一層大きくなったといえるが、むしろ最大の変化
は、小組合自体が国家による組織化の対象となったことである。
「小組合を法人化して産業組合に加入させる」ことが強く要請さ
れたのである（1932昭7年・産業組合法改正）。法人化した小組合を
農事実行組合とよんだ。

　市町村ごとに、市町村長をトップとして経済更生委員会が組織
され農事実行組合（かつての小組合）は営農部門の実働部隊に位
置付けられた。小組合はここで半ば政策の下請け機関化し、以
後、未設置地域での実行組合立ち上げと加入率の増加が熱心に
取り組まれることになった。


◇ 変質の第2：戦時体制下農業統制の末端組織へ

　1931（昭6）年には満州事変、37（同12）年には日中戦争がはじ
まる。通常、31年以降を準戦時体制、37年以降（45年8月まで）を
戦時体制とよんでいる。

　1943（昭和18）年から部落責任供出制がはじまる。食糧の生
産・供出体制は、割当てられた生産物の「供出」を前提にして
資材の「配給」を受けるというものであった。この段階で、完
全に戦時統制組織の下部組織になったといえよう。こうなれば
未設置でいることも未加入でいることもできない……ここにお
いて、ほぼ農家全戸の加入が実現したのである。

　戦後の農業協同組合（現JA）は、世界に例のない「全員加入
組合」として結成されたが、その背景には以上のような「暗転
の歴史」があった。「日本のような全員加入の農協があればい

い」という途上国関係者の声を聞いたことがあるが、実は、農村社会が高い凝集性をもつ日本ですら、通常の状態では「できるはずがない？」ものであったというべきであろう。

## 2 | 伝統社会における共同性・共同組織

　農家小組合は、近世村や農業村落の範囲と共同性に依拠して生み出されたものであった。本節では、近世社会における共同性のあり方をふりかえり、「小組合・前史」の概要を確認したい。以下、(1) (2) を主に水本邦彦『徳川社会論の視座』敬文舎2013、(3) は主に渡辺尚志『百姓の力——江戸時代から見える日本』(柏書房・2008) に依拠して概括する。

　水本は、中世から近世にかけての村の変化を「自助型自力から身分型自力へ」とよんだ。この変化をみることが直接の前史である近世の理解にもつながるであろう。

◆ 中世村の特徴——「自助型自力」の世界

◇ 自助型自力とは「常時臨戦態勢？」

　中世の村（中世村）は、惣村とよばれる強力な（……恐らくは「日本」史上最強の？）自律性をもった存在であった。「自助」型自力とは「全てを自前で解決する」という意味である。「解決を要する問題」は、水場や肥料源への村外者の侵入や占拠、収穫物の奪取から村人の襲撃……まさに様々であろうから、自力で対処するには武力がいる。しかも、いつ起きるのかわからないのだから、事実上「常時臨戦態勢」になる。

◇ 湖国「共和国」・菅浦

　その具体的な姿が、「菅浦文書（菅浦は現在の滋賀県長浜市）」によりよみがえった（蔵持重裕『中世　村の歴史語り——湖国「共和国」の形成史——』吉川弘文館・2002）。菅浦は「構成員は平等」の「武装し自立した百姓たちの国」、「共和国」とは「君主や王をおかず人々自身が運営する国」のことである。「村のことは村で守りぬく」……これには驚き感嘆もするが、「常時臨戦態勢」の日常は、とりわけ「暴力」基準からみた弱者……老人・子供・病人・女性などにとっては、不安に満ちたものになろう。

◇ 信長・秀吉にとっての中世村落＝惣村

　「天下統一」をめざす信長・秀吉・家康らにとって、戦闘的「自力」に満ちた惣村は邪魔であるから、全力をあげて潰しにかかった。

　これに対する最も強力な抵抗運動は、一向宗（浄土真宗）で団結し「一向一揆」の形態をとったものであった。彼らの力は驚異的で、南山城（京都府南部）国一揆では1485年から8年間、加賀（石川）一向一揆では1488年から約90年間にわたり、領主支配を退けて自らの支配を継続し続けたのである。

◆ 近世村へ——「身分型自力」への転換

　中世村の敗北・解体の後に近世村が生み出された。家康の時代に「天下統一」がなされ、以後、太平の世が約260年続いた。世界に稀なこの長い平和を、19世紀・大英帝国統治下の世界平

和（パックス・ブリタニカ）になぞらえて「パックス・トクガワー
ナ」とよぶこともある。

　そして、日本の農業・農村（そして環境形成型・中耕除草）の成
熟にとって、パックス・トクガワーナの貢献は決定的であった
のである（こぼれ話2）。


◇ 農民にとっての近世村
　水本は、近世村の基本的性格を「身分型自力」とよぶ。その
特質は次の3点である。


　　①政治と司法 – 公儀権力の力を支持しこれに任せ依存する。
　　②生産や生活秩序 – 自分たちでルールを決める。
　　③①によって生じた余力を生業に投入する。


　この説明（コスト・ベネフィット分析？）が面白い。①のように
「村を超える問題」は「お上」に任せ、「村内の問題＝②」は「自
治の力」で処理し、中世村と比べた「負担量の差額（①が浮かし
た労力）」分を「自分の仕事に投入」できるようになった、とい
うのである。


◇ 身分型自力の農民的性格
　以上の結果、農民にとってみれば「創意を発揮できる余地と
意味」が生まれたことになる。①を「公儀権力」に譲ったこと
を「支配」に屈したというのは不正確で、むしろ自らの「自発
性（ここでは主に生業に打ち込むこと）」を拡大する余地を確保した

ことにもなろう。

　注目したいのは、身分型自力の論理は領主の側にも適用されるということである。生産活動などでは百姓の世話になるが、「領内全域を対象とした法の整備や広域紛争の処理」を行うことは「領主の任務」だと認識されたのである。したがって、百姓・領主のそれぞれが「身分型自力を体現し、その力を発揮させる社会」になった、というわけである。

◇ 村請制というシステム

　年貢は、領主から個々の農民に直接賦課・徴収されたわけではない。領主がするのは村に年貢総額を示すことだけで、あとは村のなかで各農家の負担額を決定・徴収し、それを一括して納付したのである。このように村が藩の要請を請けおい、自らの責任において実行するシステムを「村請制」とよぶ。

◇ 村内の小組織

　「五人組」：5戸程度が集まって組をつくり、年貢納入に際しては連帯責任を負った。村請制下の義務の遂行は、さらなる小単位の相互監視・連帯責任で担保されていたのである。ただこれも同時に、互いの大切な相互扶助組織として役割を担っていたのである。

　「同族団」：これは、本家とそこから分かれた分家、要するに血縁関係の拡がりを組織した相互扶助組織であった。

　また、先にも述べたように、大きな村には「農業集落」がいくつも存在していた。これらは、近世村という大きな村のなか

にある「小村」ということになる。

「近世村＝村請制村」には、「五人組」「同族団」「集落（小村）」などの小集団が重なり合って存在していたのであった。

◆ 村々の結合／村を超えた関係

他方、村々や、村を超えた関係の拡がりも生み出された。

◇ 村々の相互関係

耕地には「出入り作」があった。村の農家が他村で耕作したり、他村から耕作に来たりすることはごく普通のことであった。

林野では「入会地」。複数の村にまたがるものもあり、この場合は入会時期や範囲の取り決めがあった（入会慣行）。

「用水（水利）関係」では水源が他村にあることや水路が他村を経由することはごく一般的であった。水は農業の命綱だから、極めて厳密な配水規則が決められていた（水利慣行）。

村々の交通を支えた「道路橋梁」も村を超えたインフラであった。各村が受け持ち区域を明瞭にしてその普請（管理・補修）を担当した。

◇ 組合村というもの

組合村というものがあった。村々が結合して下記のような諸事項にあたったのである。

①自然的諸条件への対応
……村を超えた用水や入会地の利用・管理／災害対応

②領主的・国家的な諸役賦課への対応

　　……領主が命じる治水工事／幕府領の年貢米共同輸送

③地域外の人々への対応

　　……浪人・乞食・勧化・盗賊・悪党・無宿・行き倒れ等への対応

④地域内の諸階層への対応

　　……奉公人不足、賃金抑制、風俗統制

⑤地域秩序の維持　　　……防犯、火災、地域紛争等


◇ 村を超えた同業者組織／その他

　商品経済の展開にともない、地域での稼業に従事する者も増えてくる。たとえば、牛馬の仲買商人である馬喰や、馬を使った専業的な運輸業である中馬は、身分上は村の管理下にあったが、村を超えて同業者組織をつくり独自行動をした。

　なおこの他に、「俳諧・国学のサークルなどによる文化的・学問的地域結合」や「通婚・信仰・教育・医療など日常生活の諸側面に関わる地域結合」の拡がりがみられたのも、近世という時代（パックス・トクガワーナ）の注目すべき特質であった。

　以上のように、近世村と直系家族を核にして、多彩な相互扶助と共同の体制がつくられた。これが身分型自力の近世社会であった。


　そして、近代における経済社会環境の激変に際しても、農民たちはこれらの蓄積をベースに対応することになった……農家小組合はその際立った例であったといえよう。

# 3 戦後改革から供出・増産・「減反」へ

## ◆ 戦後改革の時代──改革と供出と増産

### ◇ 農業協同組合の設立

　農業の戦後改革で本章に関係するのは農業協同組合の設立（農業協同組合法の制定1947年）である。戦時統制団体の農業会を解散し、耕作者を主人公にした農業協同組合を作ったのである。

　ここでは、農事実行組合の扱いが一つの争点になった。高い自律性をもった西欧の独立自営農民（ファーマー）とは違い、稲作をベースにした日本農業は種々の共同に支えられていたから、日本側は、新しい協同組合でも農事実行組合が構成メンバーになることを期待した。しかし占領軍は、戦時統制の中核組織であった実行組合を受け入れることはなかったのである。

### ◇ 供出と増産

　農村にとっての戦後は、厳しい「供出」から始まった。食糧事情が、統制システムの解体によりさらに悪化したからである（餓死の社会問題化は戦後のこと）。さらに、それまで植民地と満州に依存していた農産物が無くなったうえ、海外からの引揚者が加わり消費人口が急増した。食糧危機が社会不安を助長することに神経をとがらせていた占領軍は、ジープで直接農村現場へ乗り付ける強力な督促を繰り返した（ジープ供出）。

　ただし一方では、日々の食に困った都会から、「買い出し」の

人たちが農村詣でに日参する時代でもあった。「食をもつことの強み」をおおいに自覚できた時代でもあったのである。

◆ 頼りにされた「ムラの共同性」——増産運動から減反へ

◇ 米増産運動——集団栽培

　戦時末期に創案された画期的な稲作技術に「保温折衷苗代」があった。播種直後の苗代を油紙（後にビニールフィルム）で覆い苗代温度をあげ、発芽と初期苗の成育を確実にする工夫であった。これで播種期・田植期を早め、冷害を避けつつ生育期間を十分とることが可能になり、寒地稲作の収量増加に大きく寄与した。さらに、暖地稲作でも、台風被害を回避するための早期栽培を可能にし、増収と安定に貢献したのである。

　「保護苗代と早植え」・「多収穫品種の採用」・「多肥化と施肥法の改善工夫」・「防除の徹底」……これらが、「戦後段階」と称された新しい稲作増産技術体系であった。日本稲作史を貫く「多肥多労」型農法のピークをつくるものであり、これらが要求する集約的な管理を支えたのが「集団栽培」であった。これは、一定の地域が「栽培協定」をむすび、栽培品種と肥培管理全体（播種・施肥・水管理・防除法など）をとりきめ、共同防除を実施するもので、農薬を散布するための長いホース（「ナイヤガラ」とよばれた）を使った集団防除の風景などが話題になった。

◇ 米増産運動——「米作日本一」

　米増産運動をささえた民間の取り組みに「米作日本一競励事業」があった。農林省や農業団体の支援のもとに朝日新聞社が

主催した多収穫競争であり、1949（昭和24）年の第1回開催以後20年続いた。延べ参加者は実に約40万人という大運動であり、敗戦後の食糧難を背景にした「主食増産にかける農民の意欲と世論の支持」を感じさせる取り組みであった。

　しかしその背後で新たな事態が生まれていた。米生産量の増大と消費量の減退に挟撃されて、「米の過剰」が急速に肥大化しつつあったのである。


◇ 水稲「減反」──現代の村請制＝使われた共同性

　米の過剰は1960年代後半から問題化し、遂に70（昭45）年産米から「生産調整」という名の「減反」、すなわち水稲作付面積の強制的削減が開始された。日本米作史上初めての出来事であった。

　減反の割当て面積は「お上」から下ろされ、最終的には個々の農家が引き受けることになる。巨大経営体が多い欧米諸国ならともかく、当時500万戸をこえていた（1970年534万戸）農家に割り当てるのだから、大変さは想像を絶する。荒畑克己『減反40年と日本の水田農業』(農林統計出版、2014) は、「割り当てられる農家」の怒りとともに「割り当てる側の自治体担当者」の苦しみや恨みを背負いながら義務を遂行する姿を、丁寧に復刻している。経済的インセンティブで誘導するのではなく、特に当初は、まさに力づくで強行実施したのだから、その軋轢は大へんなものであった。しかも驚くべきことに、「にも関わらず超過達成した」のである……当事者（先の両者である）の苦悩を思えば言葉を失う。

　ここでも伝統が培ってきた「共同性の力」が発揮されたといえる。しかしその直接の伝統は、大正期＝農家小組合につらなる農家共同のラインとはいえないであろう。あえていえば、上意下達の統制組織に改編された戦時＝農業実行組合のライン、もしくは近世「村請制」の悪用であったといえるかもしれない。農村が培ってきた共同性が、ここでは、「他者」によって「利用された」ともいえようか。


## ◆ ブロック・ローテーションと集落営農

### ◇ ブロック・ローテーション

　米の過剰は永続的であったから、減反のみならず「転作（米に代わる作物を植えること）」が新たな課題になった。しかし、転作作物と考えられた麦や大豆の価格は低いうえ、水を嫌うため、収量の伸びも期待しにくかった。その困難を耕地利用の集団化と新しい技術の投入により緩和するために創案されたのが、農家個々に割り当てられた転作面積を集めブロック（団地）にし、それを水田のブロック（団地）とローテーションをする方式であった。それはまた、輪作効果を生かした新しい作付け方式が生み出されることを目指す試みでもあった。


### ◇ 集落営農というもの

　上述のように、ブロック・ローテーションでは、各農家の錯綜した圃場で構成される村の農地を一つの大きな団地とみなすことになるが、これは大へんなことであろう。

このような状況のなかで登場してきたのが、「集落営農」であった。これもまた「農家小組合」にも似た、旧近世村や農業集落の一体性のうえに可能となった対応であった。現代農業もかつての伝統と無関係ではなく、むしろそれを上手に生かし活用することにより、新たな姿と力を獲得してきたのである。

◆ おわりに──おわらない生産調整／新しい農と農村へ

　「減反」は2018年度で廃止された。しかし、「土地余り」状態も消費の減退も依然として続いているから、「生産調整」は依然として大課題であり続けている。

　目標とされた「(麦＋大豆＋稲) 二年三作」の輪作体系は農法的にはまだ確立されていないし、米消費がさらに減り続ければ、この輪作体系自体が不可能になってしまうかもしれない。

　以上のような大きな問題を抱えつつも、他方では、農村への「Ｉターン」を希望する人々が確実に増えており、その中心は30代の男女であるという。大げさにいえば「日本史上はじめて」の動きがおこっているという事実がある。

　「笛吹けど踊らず」という言葉がある。トップがいくら旗を振っても人々が動こうとしないことを嘆く言葉であるが、今起こっていることはその「正反対」……「人々に明確な動きがでている」のにもかかわらずトップ (国政) が「本気で笛を吹こうとしない」ことのように見える。

　大正期 (「近代農村が最も動いた時代」であった) の農村が見せた

あのアクティビティをもう一度よび起こすことはできないだろうか？……当時の運動主体は「農家の後継ぎ＋都会を経験した農家次三男たち」であったが、現代では「村に残り地域と農業を守ってきた人々＋第二の人生を故郷でおくることを決めたUターン者＋農村生活に新しい魅力を見出したIターン者」の「共同・共生」になるのであろうか……「新しい豊かさと魅力」を創る「大きな夢」ではある（第8章を参照されたい。大転換を強要された農地改革期農村を支えた〝よそもの〟の姿がみてとれよう）。


◎さらに勉強するための本────────────

守田志郎『日本の村──小さい部落──』人間選書248・農文協、2003
　　年（1973の復刊）

野本京子『「生活」「経営」「地域」の主体形成』農文協、2011年

野田公夫『日本農業の発展論理』農文協、2012年

渡辺尚志『百姓たちの明治維新』草思社、2012年

同　　　『近世百姓の底力──村からみた江戸時代』敬文舎、2013年

小田切徳美『農山村は消滅しない』岩波新書、2014年

水本邦彦『徳川社会論の視座』敬文舎、2013年

同　　　『村──百姓たちの近世』岩波新書、2015年

楠本雅弘『進化する集落営農──新しい「社会的協同経営体」と農協
　　の役割』農文協、2010年

田代洋一『地域農業の持続システム──48の事例に探る世代継承性』
　　農文協、2016年

## 農業史こぼれ話 6

ニセ肥料事件と琵琶湖の泥藻——近代市場経済が求める眼差しとは？

　かつて「江戸時代は環境保全型農業の源流」などと言われたことがあった。しかし、これは誤解に満ちている。確かに「化学物質による汚染」はなかったが、それは、農薬や化学肥料がなかったからであり、環境保全型農業を意図したわけではないからである。他方、江戸時代の農業は草肥確保の必要上多くの山を草山にしていたから、降雨による土壌流出が激しく、下流部に水害を多発させていた。

　近世／近代という時代転換のなかで浮かび上がった「眼差しの変化」を『滋賀県農会報（以下『農会報』）』を使って概観してみよう……農民が近代の市場経済に巻き込まれるとはどんなことだったのだろうか？

　一つは、明治後期に世間を騒がせた「ニセ肥料」問題である。『農会報』34号（明治38年1月）は、農商務省農事試験場発行の「販売肥料に関する注意事項」の全文を掲載し、過大な宣伝に安易に飛びつく農民たちに警鐘を乱打している。当時「殆ど肥料の価値なき物質を調合し農家の注意を惹くべき巧妙な名称を之に附し……時局の影響として肥料の欠乏せるに乗じ著しく増加」していた（——時局とは日露戦争のことである）。このような事態に危機感をいだき、摘発した118件の「不正肥料」名を生産府県・販売府県を付して公開するとともに、「不正肥料……に使用する物質」九三種もあわせ記載し、注意を喚起したのである。農民が「ひっかかりやすい」金肥宣伝の「殺し文句」は「操作簡単」と「効果絶大」だったというから、当時の現実には、私たちが描く伝統的農民像とはややズレがあるかもしれない。

　いま一つは、この対極にあるといってもよい状況—琵琶湖が提供してくれる豊富な恵みの評価に関わるものである。伝統社会における琵琶湖辺地域では湖底の泥藻が尽きることない肥料源となっており、この潤沢な自給肥料がニセ肥料の侵入を防いでいたが、県農会はこれらの地域に対しても、厳しい批判を行っている。「本区（島村・宇津呂村・岡山村——野田）は郡内に於ける天恵の地にして地味肥沃　而も島及宇津呂、岡山の一部は泥藻の施用多く従って農家支出の大部分たるべき金肥代の節約をなし得て、而も四石内外の収量を見るは寔に喜ばしき現象なりと雖も、之れが肥培の方法に至りては又本郡中最も幼稚にして、天恵の地力も充分発揮せしめ得ざるは遺憾の極……」（『農会報』第78号・大正7年2月号）。

　県農会の観点からすれば、「ニセ肥料に踊らされる農民」とともに「自給肥料の豊富さゆえに肥培管理の工夫が足らない農民」もまた、克服すべき対象だったのである。県農会の関心は、近代の市場経済に対応して技術と経営の工夫を重ねる近代的農民をうみだすことであった。

（引用参考文献）滋賀県農会刊『滋賀県農会報』

## 戦争と農業

　みなさんは、このタイトルをみて、どんなことを思い浮かべるでしょうか？農産物自給率（カロリーベース）わずかに37％（2018年）の日本だから、やはり「飢える心配」でしょうか？

　実際、「コメの飯の代わりに、イモでがまんした」という思い出話を聞いたことがあるかもしれません。しかし、この思い出は「間違い」かもしれません！？……ここでは、「常識」では捉えがたい「戦争」の実態をいくつか述べてみたいと思います。

　もう一つ、やはり食の確保が一つの引き金になり、他国・諸地域に農民自身が大量に進出したことにもふれてみたいと思います。
　それは明治から一貫して継続した動き（こぼれ話11）でしたが、第二次大戦期の日本では、国家の強力なバックアップになったという点で、かつての海外移民とは異なる姿をもっていました。

# 第 7 章

# 戦争と農業
## ── 「資源のゆくえ」と「帝国の農民」──

**キーワード**

総力戦、資源と富源、農産物の軍需資源化、植民地農業、
松根油、「風船爆弾」


◆ はじめに

　「戦争の時代＝食の非常時」に関連するトピックスを二つ紹介
したい。どちらも、「ビックリ」というだけではなく、非常時の
農と食にかかわる視野を広げてくれるはずである。

　一つは、第二次世界大戦末期の深刻な食糧不足が、（生産減退
だけでなく）農産物の「転用」しかもその「軍需資源化」からも
もたらされたということである。

二つは、戦争と関連した国策的農業移民、いわば「農民の国家的な進出」である。「上土はじぶんのもの、中土はむらのもの、底土は天のもの」という土地所有観をもっていたはずの日本農民は、「植民地（従属的な立場にある国・地域という意味で用いる）」の大地にどのように接したのか、このことを中心にみてみたい。

　いずれもやや特殊な事例と論点であるが、考えさせられることは多いはずである。

## 1　農産物の「軍需資源化」

　戦時末期、欠乏する軍需資源を代替するために、農産物本来の用途を離れ軍需資源に転用することに種々の努力が重ねられた。その幾つかを紹介しよう。「こばれ話9」も参照してほしい。

① 「病人と母子には最優先」のはずの「牛乳」が消えた。
　　戦争後半期（1943年秋）には、ボーキサイト（アルミニウム原料）確保の見通しが立たなくなり、以後、航空機を木製！に転換した。ブナ材の合板などで躯体をつくるが、それには強力な接着剤が必要で、白羽の矢があたったのがカゼイン、そして「カゼインを含む牛乳」であった。
　　できたばかりの厚生省（1938年設置）は妊婦や病人に優先的に支給すべきものと位置付けていたが、にもかかわらず牛乳は飛行機に姿を変え、赤ん坊や病人の前からもほぼ姿を消したのであった。「ブナ材と牛乳で飛行機をつくっ

た」とは驚きであろう。

②　イモは「食糧」ではなかった。

　「コメの代用食としてイモを食べた」という思い出のこと。当時者の記憶にクレームをつけるとは極めて「変」ではあるが、実は、戦時中に「イモが食糧として位置付けられたこと」はなかった。

　「石油の欠乏」は当初より自明であったから、備蓄とともに代替資源の確保には全力が注がれた。その主要方策の一つが「イモ類のアルコール原料化」であった。1937（昭和12）年の「アルコール専売法」に基づき、サツマイモ・ジャガイモは軍の管轄におかれ、以後、品種改良方向自体が油糧用に転換された。

　しかし、第一次世界大戦のドイツが首都ベルリンの食糧暴動で自己崩壊したことの記憶は鮮明であったから、食糧危機への不安は大きかった。したがって、食事情が厳しさを増した1944年暮には、陸海軍が確保していたイモ類を急きょ大量放出し、食糧危機緩和の手立てをとった。

　「コメの代わりにイモを食べた」とは、もしかすると、この大量放出時、一瞬「イモだらけ」になった状況が、それだけ鮮明かつ普遍的な印象になったのかもしれないのである（もちろん自給用のイモは産地にはあったはずだから、その思い出かもしれないが）。

③　小学校でウサギを飼った／養蜂業も軍の所管となった。

　名前に「軍」をつけた、軍との関係がとりわけ深い動物が二つある……「軍馬」と「軍兎」である。軍馬はともか

く軍兎とは意外であろう。ウサギは「残すところが全くなかった」といわれている。毛皮は航空兵の防空頭巾や航空機内部の保温材に、肉は携行用の干し肉になった。興味深いのは、小学校を使った養兎が、「教育の一環」に位置付けられていたことである。今でも「生き物係」を決めてウサギを飼う小学校は珍しくないようだが、この時の経験が出発点となった事例もあるのではないか。

養蜂も「重要軍需物資生産」に位置付けられた。蜂蜜が貴重な甘味資源として位置づけられたことはともかく、驚くのは蜜蝋である。蜜蝋は摩擦係数引き下げ効果が大きく、重砲の砲身内部に塗り弾着距離を伸ばしたり、潜水艦等のスクリューに塗布して性能をあげたりと、まさに戦闘に直接かかわる場面で重用されたのである。

④　戦後に進駐した米軍は「松の木」の惨状に驚いた。

松の根からとる油を松根油といい、石油代替品としてその収集が叱咤激励された。終戦年の６月には「月産7万バレルに達した」が、米軍がジープで使ってみたら「数日でエンジンが止まっ」たというから、現実的効果はなかったのであろう。

驚くのは、占領軍が「松根油計画の痕跡が生々しく」「到る処……夥しい松の根や幹……山腹は裸……村々には蒸留装置の残骸」等と報告していることである。ちなみに、松根油は戦時物資増産計画では唯一計画を達成したものだから、村々には同様の風景がかなり残っていたはずだが、不思議なことに、そんな「戦中・戦後風景」など聞いたこ

とがない？……全国各地で起こったことですらこんなに早く忘れ去られるのか、と驚いてしまう。

⑤　不思議なことに、ブドウは残った。

　　以上の例とは正反対……急ぎブドウの運命を付け加えたい。果物は「不急作物」として排斥されたが、不思議なことにブドウは「残置」が認められたのである。それは、主に航空戦において緊急性が高まっていた「電探（レーダー）」製造に必要な「酒石酸」が含まれていたからであった。ブドウは戦時末期には、果物からレーダー資材に姿を変えたのである。

　　戦争末期、アルコール類に親しむことは困難になっていたが、「（農園関係者なら）ブドウ酒だけにはありつけた」という思い出も語られている。これも今次大戦の一コマであった。

⑥　「風船爆弾」というもの。

　　俗称「風船爆弾」、暗号名「ふ」号兵器（本章冒頭の写真）というものを聞いたことがあるだろうか？

　　ややおおげさにいえば、これは、農産物で作った新兵器＝「農業兵器」である。直径約10mの巨大な気球に爆弾をつるし、偏西風にのせて太平洋を越えアメリカで落下する、という、なんとも驚くべきスケール？をもった兵器である。気球は巨大だから、学校の体育館などが製造場になった。

　　単純技術のようだがそうではない。巨大なうえ、過酷な環境（飛行中、昼間は温められ膨張して上昇、夜は冷えて縮小し下降する）に耐え太平洋を渡りきる強度が不可欠で

あった。ゴムや通常の接着剤に代わる新しい材料を開発する必要があったのである。試行錯誤の結果、次のような方法で作成されることになった。

　バルーンはゴムではなく、和紙（コウゾ）を重ねてつくったプレートを何枚もつないで作り、プレート同士はコンニャクからつくったノリ（コンニャクノリ）で接着する。しかし、巨大なバルーンだから、コウゾもコンニャクも大量が必要であった。しかも、これを9千発余り（計画は1.5万発）打ち上げたという。コンニャクもコウゾも大量を要したから、全国の産地が払底したのである。

## 2 ｜ 戦時下の農業移民

　次は、戦争とともに海外にわたった農業移民たちに目を向けたい。伝統的農民とはかけ離れた行動が目につくからであり、その意味を考えてみたいと思う。移民先は、日露戦争と第一次大戦以降に日本が獲得した樺太と南洋群島、独立国の形式はとっていたが事実上日本の支配下にあった満州国である（……正確にはいずれも「植民地」ではなく、「満州」は形式的には独立国、南洋群島は委任統治地区である）。

　日本は、帝国圏に送り込んだ農業移民たちには、内地では不可能であった構造改革（大規模化して生産力の高い経営体をつくること＝東亜のモデル農業づくり）を託すことになった。その主要舞台は満州であるが、矮小なものではあれ、樺太でも「北方農業」のモデルになることが期待されていた。

◇ 米飯をめぐって

　寒地帝国圏（満州と樺太）では共通して、移民たちの「内地延長的な生活（これは満州で使われた表現であり樺太では「北方文化建設（が必要）」という言い方がされた）」が問題にされた。両地域はいずれも、米生産が困難（満州）か不可能（樺太）であったが、移民たちは内地同様、米を主食にすることを熱望したのである。米が足らない（満州）か米がない（樺太）ため、内地から買い入れることになるが、「帝国経営」の見地からは忌避すべき「不経済」であり、移民の定着を危うくしかねない大問題であった。

　ここでは、「米を食べたいという私的欲求に貫かれた開拓民」と「植民者の定住を確実にするために自給すなわち現地の食生活の受容を要請する帝国」という、いわば「二つの正当性」がぶつかりあったともいえる。なお、日本内地から物品を購入する行為は、内地自体の物不足を加速するという点からも回避すべきだと考えられていた。移民たちに期待されていたのは（新たな自然を富に代えてくれる／資源開発により国力を増大させる）ことであり、儲けた金で内地物品を買いあさることではなかった。

◇ 森林伐採をめぐって

　現金収入を求める（そのためにこそ開拓移民という困難を受容した）彼らの行動は、さらに自然（ストックとしての資源）自体の破壊をいとも簡単に引き起こすことになった。

　極寒の地では農業は困難を極めるうえ、翌年にも豊かな実りがある保証はない……ふくらんだ借金を返すために、あるいはもう少しマシな（というより、過大な辛さに耐えうる）生活をするた

め、最も手っ取り早い儲け口が、森林の伐採＝丸太の売却であった。日本内地であれば、森林は世代を超えて保育する家の財産・村の財産であったが、異郷ではそのような躊躇はおこらなかったのである。

しかし、これでは帝国圏の再生産を危うくするだけでなく、世界から帝国（支配）の正当性すら問われかねない問題であった。

◇移民指導員の目

樺太の1移民指導員の目に映った世界恐慌当時（昭和8年）の状況を記しておこう。

「澱粉熱が、この植民地をすっかり巻き込んで、新開墾がこの一箇年だけで二百町歩に達した……一攫千金の樺太移民の本質を端的に発揮して、昨八年では家畜・人間の食う作物まで犠牲にして、馬鈴薯増反を思いきり実行した……いまの世の中で百姓だって現金なしに暮らせるしかけのものじゃない……鼻水もしばれるこんな寒い島に来たのも、やっぱり内地で食えない米を腹一杯食い、酒も飲みたい欲があるからで……それでこそ開墾をする気になる」。

この指導員は、移民たちの行動の「行き過ぎ」を気にしながらも、彼らのおかれた状況を考えればやむをえないと考えていたのであった。

◆ おわりに

以上、二つのトピックスを紹介した。戦争という巨大な危機

に直面したとき、実にいろいろなことが起きたのである。

　なお「農産物の軍需資源化」に関連して一言つけ加えておこう。奇想天外な事例ばかりではあったが、私は、この事実から逆に、（第二次大戦末期の危機の深さのみならず）「生物資源／再生産資源というものの可能性」を再認識した気持ちにもなった。食料としての役割が基本であるのむろんであるが、それだけでなく、想像もできないほど様々なものに「活用」されたということに、である。

　私たちが適切な接しかたをすれば「自然の力により永遠の再生産が可能」であり、しかもそれは、「実に多様なものに姿を変えられる」ということ……そのことが、未来社会に一筋の光明をもたらしてくれるかもしれない、と思ったのである。

◎さらに勉強するための本――――――――
藤原辰史『稲の大東亜共栄圏――帝国日本の〈緑の革命〉』吉川弘文館、2012年
野田公夫編『農林資源開発の世紀――「資源化」と総力戦体制の比較史』京都大学学術出版会、2013年
野田公夫編『日本帝国圏の農林資源開発――「資源化」と総力戦体制の東アジア』京都大学学術出版会、2013年
大瀧真俊『軍馬と農民』京都大学学術出版会、2013年
中山大将『亜寒帯庶民地樺太の移民社会形成』京都大学学術出版会、2014年

## 農業史こぼれ話 7

### 「水田二毛作」が近江牛をつくった？

今、農産物輸出のトップバッターとして期待されているものの一つが、黒毛和牛の霜降り肉であるようである。

しかし、少し考えると不思議でもある。そもそも日本には、獣肉・野鳥以外の肉を食べることは、（「薬食い」と称する病の食を別にすれば）公の伝統としてはほとんどなかったからである（彦根藩の牛肉の味噌漬けは例外の一つ）。おまけに、明治・文明開化の時代には、畜産奨励のため巨大な牧場をつくりはしたものの、そのほとんどは技術も市場も伴わず撤退してしまった（小岩井牧場はその例外である）ことを考えれば、意外の念は一層強くなるであろう。

今日の近江牛とは、もともと中国山地で生産された黒牛を、近江・湖東平野の農家が農耕用に入れたもの。ただ、この牛は餌をやり太らせればよい肉がとれ、さらに脂肪塊をつくるという特性もあった。また、飼い方を工夫すれば脂肪塊を霜降り状にでき、食感をソフトにし肉のうまみを飛躍的に引き出すことも知られるようになった。こうして、中国山地（仔牛生産地帯）で生まれた黒牛を平場農村（使役地帯）が役牛として入れ数年間使役し、その勤めを終えてからしばらく濃厚飼料を与え、飼育法を工夫しつつ霜降り肉になるように肥育するというスタイルができたのである。濃厚飼料とは、栄養価の高い麦・豆・稲わら・薹苔（うんたい……アブラナ）、豆粕・粃（しいな）・米糠・紫雲英（しうんえい……れんげ）など……これらをふんだんに提供できたのが「水田二毛作」であった。水田単作では飼料確保ができず、畑作では飼料はとれても経営が成り立たず……黒毛和牛にとって、水田二毛作こそが最も確実な濃厚飼料基盤・肥育環境になりえたのである。

なお、「近江牛」ブランドができたのには次のような経緯があった。初期の黒毛和牛（品種改良の末「黒毛和牛」として品種固定されるのは 1944・昭和19 年のこと）は、神戸港から生体（生きたまま）で東京市場へ出荷され、「神戸牛」とよばれていた。

ところが明治 25・26 年に牛疫（伝染性の高い牛の病気）が発生し生体出荷が禁止されてしまった。近江地方は、その直前に東海道線が開通していた幸運に恵まれ、急きょ「枝肉であれば可能な鉄道輸送」に切り替えることができた。近江八幡駅を拠点とする東京への出荷体制を整備し、「出荷地ブランド」という慣行を利用して「近江牛」というブランドをたちあげたのである……これが今に連なる「近江牛」の出発点であった。

引用参考文献
板垣貴志『牛と農村の近代史—家畜預託慣行の研究』思文閣出版 2013 年。
野田公夫「近江牛と八幡駅」『近江八幡の歴史』第八巻、近江八幡市 2019 年。

# ギモンをガクモンに

## 農地改革を支えた〝むら〟と〝よそもの〟

　農地改革は有名な大改革ですから、聞いたことはあるでしょうね。「アメリカ占領軍がした改革」とか「小作農を自作農にした改革」などと答えてくれる人もいるかもしれません。

　世界の目からみると、日本の農地改革は、全く不思議な土地改革でした……「信じられないほど平和裏に／しかも徹底的に行われた」ということです。

　「同じ村のなかで農地をとられる人とそれを買取れる人にわかれる」という、とてつもなく難しい改革に、農村現場はどんなふうに対処したのでしょうか……そんなお話をしたいと思います。

　なお、冒頭「農地改革はアメリカがした」というのは、未だ是正されない「常識の間違い」です……実はその反対で、戦後改革といわれるもののなかで唯一、日本側が先行的に実施した改革でした。

# 第8章

## 農地改革を支えた 〝むら〟と〝よそもの〟

**キーワード**

戦後改革、農地改革、農地委員会、農地委員、専任書記、
部落補助職員、自作農創設事業、在村地主・不在地主、農地法

◆ はじめに

　ここでは農地改革という近現代日本最大の、そして大きな痛
みをともなった農業土地改革が、世界的にみれば驚異的なスピ
ードと円滑さで遂行されたことに注目し、その秘密の一端を明
らかにしたい。

　第二次大戦後はまさに「土地改革の時代」であったが、その
なかで日本農地改革の驚異的な実績と、極めて平和裏にすすん

148

だ実施状況に驚きが寄せられていた。第4章では、その要因を、①大戦争による荒廃に対処する必要性にとどまらず、農地改革を準備する長い歴史過程があった、②土地改革（食糧危機への即効的効果が必要なため、世界的には「土地の分割＝国民皆農化」を内容とするケースが多かった）が旧来の経営を破壊（領主的大経営の解体）せず、むしろ強化する機能（小作農の自作農化）をもった、という2点に求めた。

ここでは、農村現場（農地委員会）での実際の取り組み状況に焦点をあててみたい。

# 1 農地改革の実施主体＝農地委員会というもの

## ◇ 改革の実働部隊＝農地委員会

農村現場で改革を担ったのは、市町村を単位として設置された市町村農地委員会で、階層別選挙で選任される地主3・自作2・小作5・計10人で構成された（他に中立委員を全委員の同意で選ぶことができた）。月1回ほどのペースで開催され、買収・売渡計画の樹立と異議（計画案に対する不満）申立の処理等を行なった。

## ◇ 専任書記と部落補助員

農地委員会には「土地台帳の整備」「買収売渡計画の樹立」など膨大な実務があり、専任書記がこの重責を担った。全国平均でみると、彼らの20.1％が疎開者および引揚者・復員者たち、すなわち農業・農村外の経験の持ち主であり、学歴も高く年齢は若く、かつ当時の農村組織と比較すれば女性の比率が歴然と高

かった。そして多くは「農地改革の理念に共感する希望に燃え
た青年」でもあった。彼らは表舞台には出なかったが、大きな
インパクトを農村にもたらすとともに農地改革の実際上の推進
者として大きな力を発揮した。表題の〝よそもの〟とは、以上
の経歴をもつ彼ら専任書記のことである。

　他方、主に部落（旧近世村もしくは内部の小村）内部の問題調整
に当たったの部落補助員であった。「履歴からみても……村にあ
って農業を護り続けた壮年が多かった。かかる部落補助員の機
能は進歩と保守の両面に作用した。改革事業の基礎となる綿密
な調査に協力し、事ある毎に隣人の立場を公平に観察して委員
会の判断を誤らせなかったのは、かゝる補助員達」であったと
いわれている。本書タイトルの〝むら〟とは、かれら部落補助
員たちをさしている。

　委員会で計画が決定されるには、これらの人々による「事前」
の、膨大な「準備と調整（村のなかが農地所有権を失うものと得るも
のにわかれるのだから大変であろう）」が不可欠であった。

◇ 農地委員会を支える諸関係
　市町村農地委員会には、性格を異にするいくつかの系統や関
係が交差していた。①専任書記を媒介にした「中央農地委員会
（政府）―市町村農地委員会」ライン：中央の指示はこのルート
でまず専任書記に伝わったし、専任書記もしばしば中央にアド
バイスを求めた。②「指導と訴願上程」の相互関係を軸とする
「都道府県農地委員会―市町村農地委員会」ライン：都道府県農
地委員会の基本的な役割は市町村農地委員会の指導であった。

また、市町村農地委員会で解決できなかった「異議」はその判断を都道府県農地委員会に委ねることになった。③「市町村農地委員会（農地委員）―部落（部落補助員）」ライン：実施計画の樹立・遂行の責任単位は市町村農地員会であったが、実際に各部落の実情を熟知しているのは部落補助員であり、事前調整上大きな役割を果たした。および④「地主層（地主委員）―小作層（小作委員）」ライン：これは利害が真正面から異なる両者の対立と協調である。

　以上のように、農地委員会には多様な力学が影響を及ぼしており、この順法的な枠組みのなかで巨大な改革が遂行されたのである。それは、先に述べたように、世界的にみて稀有な例であった（たとえば、革命の中心的運動として土地改革を遂行した中国では、数万の地主が命を落としたといわれている）。

## 2 ｜ 農地委員会の問題処理方法と処理能力

◇ 異議・訴願と訴訟

　市町村農地委員会では買収・売渡計画を樹立し、農地委員会で承認されればそれを関係者（基本的には村人たち）の「縦覧（公開してみせること）」に供する。もし関係者に不服があれば「異議」を申し立てることができた。したがって、寄せられた異議を吟味し当事者の納得をえられるような解決策を見出すことが、市町村農地委員会の、今一つの重要な仕事であり大きな苦労になった。そして、市町村農地委員会で解決できなかった異議は上級組織である都道府県農地委員会に提起されることになる。こ

れを訴願といった。もし、そこでも結論が得られなければ、農
地委員会を出て裁判の場に争われることになる。これが訴訟で
あった。

◇「事件化」比率

　1947〜49年の処理実績は、全国総計で異議が約9万4千件・訴
願は約2万5千件・訴訟約4千であった。ただこの異議件数は買収
関係のみで売渡関係が含まれていないので、便宜上、訴願に占
める「売渡」関係件数比率が11.1％であったことを勘案し、同
じ比率分をプラスすれば約10万4千件となる。いちおうこれを買
収・売渡双方を含む異議申し立て数と考え、この数値を使い訴
願化率（訴願件数／異議件数×100）・訴訟化率（訴訟件数／訴願件数×
100）を算出すると、前者は約24％・後者は約16％になる。なお
訴訟件数の異議件数に対する比率は4％弱であった。

　以上より、市町村農地委員会は、申し立てられた異議のほぼ
4分の3を自前で解決し、残り（ほぼ4分の1）を都道府県農地委員
会にあげ、都道府県農地委員会は持ち込まれた訴願の約6分の5
を自前で処理したが、約6分の1は解決しえず訴訟に持ち込まれ
た、ことになる。すなわち、当初市町村農地委員会に申し立て
られた異議のうち、ほぼ25分の24は農地委員会組織のなかで処
理されたが、約25分の1は解決できず訴訟（これは裁判所の仕事で
ある）になったのであった。

◇「異議申立比率0.29％」という達成

　なお、買収・売渡計画の樹立に際しては、事前に関係農地等

152

の「一筆調査（……圃場1枚を1筆とよんだ）」により実態を把握した後、関係地主・小作人との調整を経て計画が取りまとめられた。したがって、異議申立が出されること自体がこの段階での調整不調の結果であった。

　全国の市町村農地委員会総数は約1万9百であるため、平均異議申立件数は1委員会あたり約8.6となる。農地買収にかかわる異議申立ては買収農地の全てで起こる可能性があるので、買収農地全筆数3千2百万に対する申立て異議件数の比率を算出してみると0.29％……1千筆のうちわずか3筆未満という少なさである。まさに、驚異的な値といわなければならない（世界レベルでみれば「無風状態であった」といってもよい）。

　実は、諸問題の大部分は、農地委員会に買収計画が「提出される以前に」すでに調整され「合意」をみていたのであり、こうして、「市町村レベル（平均開放農地筆数約3千）で平均すれば9件未満」という異議申立件数ですんだのである。農地委員会の処理能力は驚異的に高く、紛争化は「事前調整」によりかなりの確率で阻止されたと言ってよい。この差は「世界」の土地改革と比べてみると「歴然」であった。


◇ 土地取り上げへの対応姿勢
　しかし「事前調整」の結果だけではなく、「調整内容」すなわち「合意の内実」もみておく必要があろう……調整自体がなんらかの「力」の産物かもしれないからである。
　ここでは、地主による最も直截な抵抗運動である「土地引き上げ（「引き上げ」とは統計上の表現である。「土地取り上げ」と通称され

た）に対する対応姿勢を検討してみたい。「小作地引き上げ」の
性格を考えるために、関係地主・小作層の「経営規模別許可率」
を比較すると次のようであった。

> 地主層：許可率が高い順に①経営規模2〜5反層（57.3％）、②
> 　　　　5反〜1町層（55.8％）、③2反未満層（50.2％）。
> 小作層：同様に①1.5〜2町層（61.3％）、②1〜1.5町層（60.4％）、
> 　　　　③3町以上層（60.6％）

　明らかに、地主層では「必要度が相対的に高い」と考えられ
る零細規模層で、小作層では逆に「痛みに耐える余地が相対的
に大きい」中・大規模層で許可率が高い。市町村農地委員会の
裁定には、「必要度」と「痛みの程度」の両面を考慮した、階層
的配慮が見て取れるといってよい。


◇ その他の事由別許可率の比較

　同じことを申請事由別に比較すると、許可率が高いのは「一
時賃貸事由の解消」（72.1％）と「使用目的変更」（65.8％）である。
前者の「一時的賃貸」とは、戦争がもたらした営農・生活環境
の激変（労働力の喪失や転居など）に対応するため臨時的に結んだ
借地関係のことであり、後者もまた敗戦後の混乱（貸し手の側の
人手不足化など）への当座の対処という性格が強いものといえる。
　農地改革は、「1945年11月23日時点」における地主・小作関係
を対象にしていたが、その基本原則にもかかわらず、上記の申
請内容に対しては、多くの農地委員会が、貸し手側（地主）の事

情を尊重し、農地改革が対象とすべき地主・小作関係とは認めなかったのである。

　他方、低いのは「不耕作地主の帰農」（36.3％）・「生活困難と労力増加以外を理由とする経営規模拡大」（36.6％）「小作人の信義違反」（37.7％）である。農業をしていない「不耕作地主」とその必要性が定かではない「経営規模拡大」には厳しい態度がとられたのである。また「信義違反」とは、小作料滞納など小作側の契約不履行など指すものであるが、これに対しては、地主層の「横暴」という側面が強いと判断し、農地委員会は厳しい眼差しを向けたといえよう。

◆ おわりに——農地改革の歴史的基盤

　以上のように、多くが「法と社会（市町村農地委員会）の中で」、「双方の事情を斟酌しつつ」処理されたのであり、ここにこそ日本農地改革の際立った特質があった。それは、次のような歴史過程とそれに十分依拠した手立ての産物であったと考えられる。

①「土地は村のものであり家のもの」という強い規範があり、そのような規範に立脚する農業・農村改革にはある種の社会的合意があったことである。地主制批判は、それが不在地主批判（＝村の土地の回復）として主張される限り地主自身も受容可能であったし、他方、小作農が当該小作地を買い取るのは、「失っていた家産＝農地の回復」すなわち「本来の農家の姿を取り戻す」ものとしてむしろ歓迎・受容される雰囲気もあったのである。

②農地改革の実施過程が、官僚や警察ではなく、まさに農村
社会によって担われたことである。

「部落（部落補助員）―市町村（農地委員）」と「外から
の刺激（専任書記）」をたくみに組み合わせた農地委員会の
力が大きかった。先にみたように、異議件数は開放小作地
筆数のわずか0.3％であり、しかもその96.2％は当該農地委
員会内部で解決されたのである。もちろん、この数値がそ
のまま「円満解決」を意味するものでは全くないが、同時
代・諸外国における土地改革が強権に的実施された／され
ざるをえなかったことの差は歴然としているし、ある種の
「社会的公正性」が反映されていたこともまた事実だと言っ
てよいのである。

農地改革は、深部において「家の土地」「村の土地」の回復と
いう事に対する村社会の「合意（諦観も含む）」に支えられ、か
つ、「むら（部落補助員）」と「よそもの（改革への共感者）」という
新しいコンビが大きな役割を果たすことによって、見事なパフ
ォーマンスを示したのであった。

◎さらに勉強するための本――――――――――
野田公夫『日本農業の発展論理』農文協、2012年

## 農業史こぼれ話 8

### 文学者・有島武郎の農地解放宣言と武者小路実篤の「新しき村」
#### ——「農業の不利化」が叫ばれた時代

　大正期とは、とりわけ第一次世界大戦を契機とする日本経済の急速な発展が、他方では「農業の不利化」という言葉を生み、それが世論に共有された時代であった。「農業が不利になった」とは「工業との格差」「都市との格差」を意味する「新しい農業問題」であった。

　この時代、人の生にとって不可欠な食を生産する農民（とくに小作農民）の苦境を救おうと、多くの文化人たちも声をあげた。トルストイの影響を受けた人道主義的な文学者の集まり「白樺派」もその一つであり、有島武郎（『カインの末裔』『或る女』や評論『惜みなく愛は奪ふ』ほか）や武者小路実篤（『おめでたき人』『或る男』『真理先生』ほか）はそのメンバーであった。

　有島の父親は実業家であり大蔵官僚でもあった。その父親から、北海道旧狩太村（現ニセコ町）にある広大な小作農場—農場面積約 450 町歩・小作農家数 70 戸—を相続していた。しかし有島は、小作農場というあり方（階級支配）の正当性を認めず、1922（大正 11）年 7 月に、全ての小作農家を弥照（いやてる）神社に集め、そこで自ら同農場の「無償解放宣言」を行ったのである。戦後農地改革に先立つこと約 25 年のことであった。

　この時点では、小作農は「全農地を共同で取得する」こととし、「有限責任狩太共生農団信用利用組合」を組織して共同で農場を運営することにしていた。しかし戦後改革の一環として遂行された農地改革は、自立性をもった自作農家の創出を課題にしていたので共同経営方式を認めず、農地改革の手続きに従って、改めて旧小作農個々に農地を売り渡したのであった。

　他方武者小路実篤は、農業の困難を憂い、その本来の姿である最も人間らしい営為へと作り替えるために、理想の農業共同体として「新しき村」の建設に踏み切った。有島の農場解放に先立つこと 4 年、1918（大正 7）年のこと、場所は宮崎県児湯郡木城町であった。

　実篤は子爵の家柄である（戦前の日本、帝国議会には貴族院もあった）。いわば国家のトップグループにある貴族（華族といった）からも、農業問題に関心を寄せ自己犠牲を厭わぬ人たちが相次いだことは、当時の権力を驚愕させた。「新しき村」は、定時労働で夕食後には全員が芸術活動に取り組み各々の感性を磨く、といったもの。もちろんすぐさま経営破たんに見舞われるが、実篤は東京にとんで帰り「農場財政を支える」ため小説書きに没頭したのである。こんな夢物語にも関わらず実篤を無視する気にならないのは、「自己犠牲精神」が並みはずれているからである。そして、場所と内容を変えながら、今も「新しき村」は継続している。

　（参考文献）奥脇賢三『新しき村——武者小路実篤の理想主義——』農文協 1998

## 「立体農業」というアイデア

アグロフォレストという言葉を聞いた人は多いでしょうね？

森林農業とでも訳すことができます。熱帯地域では、強い日差しや強く降雨も凌ぎつつ、作物を育てる巧みな工夫です。

しかし、なんとなく「日本向き」ではありませんよね？


実は日本でも、これと似たアイデアが「立体農業論」という名で主張されたことがありました。今から90年ほど前の、世界大恐慌の時代の議論ですが、今でもすごく刺激的な内容をもっています。


名称もなにやら「魅力的」です。6次産業化とか地域資源の重要性とかが話題になっている現代こそ、いま一度紐解いてみてもよい考え方ではないかと思います。

第9章

# 地域資源の再発見
## ——賀川豊彦「立体農業論」に学ぶ——

キーワード

立体農業論、アグロフォレスト、地域資源、地域自給

◆ はじめに

　近年、六次産業化が注目を集めている。「六次」とは「一次産業である農」に「二次産業（工）」「三次産業（商）」の要素を掛け合わせことを意味し、「一次産業（農）」だけではなく「六次」が複合的・総合的に存在する農村地域を作りだそうという方向性を意味している。

　もちろん「六次産業論」の起点はあくまで「地域の農（一次）」

である……「六次」の合計がいかにすぐれた経済的パフォーマンスを示しても、肝心の「一次（農）」が弱くなるようでは本末転倒だからである。このような事態を防ぐ最も確かな条件は、自己（地域のことである）の財産である「地域資源」の、多様な存在と可能性に熟知し、それを「自前の力」で巧みに組み合わせることであろう。そして、そのような「力」の最大の源泉は、いつでも、「知る／学ぶ」ことなのであろうと思う。

　時代は違うが、賀川豊彦が提唱し藤崎盛一が具体化した「立体農業論」は、まさにそのような観点から構想された農村地域資源論の一つである。

## 1 ｜ 賀川豊彦「立体農業論」の成立

### ◇ 刊行までの経緯

　賀川豊彦が藤崎盛一とともに「立体農業論」の考え方を発表したのは、世界大恐慌という大嵐が一段落した1935（昭和10）年のことであった（書名は『立体農業の理論と実際』）。

　実はその2年以上前に、賀川は、内山俊雄とともに、ジョン・ラッセル・スミス（John Russell Smith）が1929年に著した"Tree Crops：A Permanent Agriculture"を訳出・刊行しており、それに『立体農業原理』という表題をつけていた（1933.2）。

　しかし、スミスの著書タイトルの原文は"Tree Crops"で、そのまま直訳して「樹木農業」とした方が素直であるだけでなく、内容をよく反映してもいた。他方、賀川の『立体農業の理論と実際』は、単なる「樹木農業」ではなく、まさに「山村経済再

構成・山村地域主体化（自らが主人公になる、ということである）のための資源論的基盤」であった。したがって、それを扱う組織や経営および社会運動にまで議論は及んでいた。

この「不思議な経緯」の詳細を調べたことはないが、スミス本を訳出していた時期は昭和恐慌のただ中であったから、自らの関心事であった「農村経済の新興」と「（そのための）農村資源の再構成」に、スミスの"Tree　Crops"のアイデアを加えることにより、その合力として自身の「立体農業論」を構成したのではないかと推測している。

なお、両者の関連について、共著者藤崎の次のような解説がある。「立体農業とは、現在の平面農業に対しての言葉であり、土地の立体的利用を意味する。狭義に言えば、樹木農業、又は山岳農業であり、広義に云えば、動植物の飼育、栽培を加味して、階段式に土地を利用することである。この意味から階段農業ともいえる」(27頁)。続けて次のようにも言う。「私は立体農業のことを『食える農業』とも云いたい」(同) と。

## 2 ｜ 構想といくつかの論点

◇ 主著の目次構成

『立体農業の理論と実際』の構成は次のようである（一部略記、なお番号は原文にはない）。総論にあたるⅠのみが賀川で、各論にあたるⅡ〜Ⅵは藤崎が執筆している。

Ⅰ　日本に於ける立体農業

◇ 全体構想について

　Ⅰでは立体農業論の時代的・日本的な位置づけがなされてい
る。キーフレーズをあげれば、「土と都会との調和」であろう。
「都会から土へ」ではなく、両者の「調和」を図るにはどうすれ
ばよいかが関心の中心である。さらに、時代（科学主義・経済主
義）批判としては「砂漠を製造するもの」、視野の広さという点

からみれば「漁村における立体農業」や「小鳥のためにも」が興味深いが、ここでは、賀川の視野の広さを、最後の二つの小論を通じて紹介しておこう。

　まずは「漁村」のこと。次のように言う。「私が痛感しているのは、漁業と農業との連絡がないために、海岸の魚付林がだんだん影を没すること……松の林ばかりでなしに、立体農業を意味した作物がとれるようにするなら、漁村はずいぶん救われる……斜面を利用して山羊でも飼うようにすれば、沖が荒れて漁業に出掛けられない時でも、漁民は必ず救われる」(24頁)。なるほど、そうかもしれない、と思う。

　次に「小鳥」。曰く。「凶作と飢饉、土地を荒して砂漠を製造するような幼稚な農業に代わるべきものは、立体農業以外にはない。……日本の田園からは小鳥が逃げ去ってしまった。それは小鳥の食う小さな果実のなる木を伐ってしまったからである。もう一度、小鳥のためにも立体農業のことを考えてやりたい。いや、人間のために立体農業を実行すれば、小鳥もやがては我々の所へ帰ってくるであろう」(25-6頁)。ちなみに、小鳥は貧栄養の地である山に栄養を供給する最大の貢献者である。


◇ 立体農業で何ができるか

　「立体農業論」とは、農・林・畜・水（淡水魚）の総体を重要資源に位置づけ、村農業（ここでは第一次産業部門の全体）を「樹木作物―大・中・小家畜―多様な平面作物―魚」へと「立体化」する構想であった。

　「なぜ立体農業は有利か」に対しては、以下の①〜⑦の総合力

だという。「①土地利用（の増進）」「②食糧問題（の緩和）」「③有畜農業（の実現）」「④山（の資源化）」「⑤自給経済（の強化）」「⑥生産より加工へ（六次産業化？）」「⑦商品としての樹木作物（新商品の開拓）」。（　）内は、私が言葉を補ってみたもの。それなりのイメージは浮かぶであろう。

　最も興味深いのは、「自給経済か市場経済か？」の二者択一（……多くの議論がそうなりがちである）ではなく、「どちらも強化する／強化できる」という確信と主張である。すなわち、一方では、立体農業をベースに地域内で可能な限り「食」を確保し、生活・生産資材の地域内自給率も上げる……②⑤はその中心施策であるが、①③④も同様の機能を持ち期待もされている。他方では、今流にいえば「六次産業化」や新しいジャンルの商品化に……⑥⑦がその中心であるが、①③④にもそれにふさわしい機能があり期待も寄せられている。

　そして、以上のような幅広い関心を「掛け声だけに終わらせず」、丹念な調査・考察により、一つ一つをきちんと裏付ける。その一例として、「栃の木」の話を紹介しておこう。


◇ 食糧としての栃

　栃の木は、中部日本とりわけ石川・福井などを中心に食糧としての利用が活発であるとして、次のように言う。

　　①栃の木は、20年生までは結実しないが、30～40年生になると3、4升の結実がある、50～100年生には7、8升～1斗の結実がある、100年生以上のもので、胴まわりが8尺以上あって良好なものは3～4斗、結実旺盛なものは幹の目通り8尺以

上1丈5尺内外……これ以上の巨木は結実が衰える。

②栃の果は、まず水桶に2日浸し……普通は、栃の果7分、米または栗3分の割合で餅にする。福井の山村では広く食糧に供されたが、米食を購入するようになり多少閑却された……これ等の果実の栄養分は豊かであることがわかれば、人々の愛樹の観念も一段と加わるだろう。

③だが、近年はどしどし切り払い、百年から二百年の木を売り払っている。百年しなければ四斗も実らないから辛抱がいるが、そういう大きな木を四、五本も持っていたら1年中それだけで食える。安値で売り払うのではなく、半永久的に保存すれば、山はそれだけで食糧の資源となる。洪水も減り、美観は増し、人間の安息所がそこに得られる。

④栃木県という栃を名にした県があるが、今日では栃を見ることは自体が非常に珍しい。県民は栃が食糧であることも知らないであろう。

　各項目、こんな調子で記されている。地元民の知識を上回るほどの徹底調査……これが本書の説得力を支えている。

◇ 産業組合と青年への期待

　また賀川には、大恐慌下の農村再建運動をテーマにした『乳と蜜の流るゝ郷』(1935) という小説がある。そこでは、「立体農業」の構想を実現させるうえで必要な「主体の側」の問題を扱っていて興味深い。

そこに示された氏の主張は、およそ次のようなものである。

○　「村を興す」という大目標と運動論が必要。
○　依拠する組織は協同組合（小説では「産業組合」。「農会」とともに戦後の「農協・JA」の前身である）。それがうまく機能していないのなら、「協同組合の思想」に立ち戻り、「青年の力」で変革する。
○　「村の主体性」の堅持。外部の大企業の甘言に乗らない。「特約組合」という名前で搾り取られる事例をみよ。基礎母体は農事実行組合（第5章参照）が望ましい。
○　思想的バックボーンは「人間経済学」におく。
○　以上のような種々の取り組みのベースが「立体農業」である……など。

小説タイトルの「乳と蜜……」とは、「酪農・乳製品」と「養蜂・蜂蜜」のこと……当時「新しい農業・農村」のシンボルであった。

◆ おわりに　現代の「六次産業化」論との関係にふれて

冒頭で六次産業論にも少しふれた。いずれも、おのおのの地域の「地域資源」に目を向け、「地域自身の手」で「それに商品としての価値を付加」し、市場に送り出すという方向性をもった考え方である。

ただ大恐慌下で構想された立体農業論では、販売の促進とともに「地域の自給力強化」が重視されていた。現在はその必要性は低下していると思われるが、一つの観点として意識してお

く意味はあろう。

　第2に、「地域から市場へ」という構想を生かすには、何より
も「地域資源」への深い理解と、市場に振り回されない「地域
の力」をつけることが必要だとしていた。

　「市場」とは「需要に応えているかどうか」が問われる世界で
あり、これに対しては「地域資源に対する洞察」が鍵を握る。
しかし、それに加えて、市場ほどすさまじい「弱肉強食の世界」
もないということを深く認識せよ、ということであった。この
ことを賀川は「特約組合批判」として述べているが、それが意
味するところは「簡単に外部の大資本に身を任せてはいけない」
「地域の自立性がいる」ということである。いずれも覚えておい
てよい論点のように思う。

◎用語解説―――――――――――――――――
**産業組合青年連盟**：略称は産青連。産業組合の実体化をめざす産業
　　組合主義を掲げ組合内部にうまれた青年組織。経済更生運動の
　　推進者として発展し、1933（昭和8）年には全国組織を結成した。
　　農業者の主張を国政に反映させるため産業組合の「政治的進出」
　　を促すとともに産業組合に対する「実践的批判者」を自認し、「大
　　衆化」「自主化」を主張した。戦時下にありながら「国家機関化」
　　に抗したが、1942（昭和17）年に「解散」を余儀なくされた。

◎さらに勉強するための本――――――――――――
賀川豊彦『（復刻版）乳と蜜の流るゝ郷』家の光協会、2009年

# 農業史こぼれ話9

## 「資源」が「富源」にとって代わった時代
### ―― 「満州」における森林消滅過程

　水資源・観光資源・文化資源・人的資源などなど……「資源」という言葉が大流行りの現代であるが、この言葉が一般化したのは古いことではない。

　従来使われていたのは「自然」そのものの豊かさをさす「富源」であった。新たに登場した「資源」とは、次のような関係があると理解されていた。「富源」それ自体は「富や力」ではないが、「科学」の力により「人間にとって直接的な有益性」をもったもの、すなわち「資源」に転換できる、と。たとえば、日本には豊富な森林（「富源」）があるから、これを科学の力で「資源」に変えることができる――そのような自己納得が可能になったのである。ちょうど「総力戦」という言葉が登場した時代、これが、客観的には勝算がない大戦争に突入するのを、「気持ちのうえで？」容易にした背景の一つであったのかもしれない。

　「富源」が「資源」とみなされたことの威力は甚大であった。2009年に刊行された共同研究（下記）は、満州（中国東北部――以下、この意味で満州と記す）における森林「資源」の劇的な消滅過程を鮮やかによみがえらせ衝撃をあたえた。
　満州では、清の統治力が弛緩した19世紀末以降に漢族が流入し牧野の耕地化がはじまるが、続いて日露戦後には東北アジア最大の森林地帯であった鴨緑江流域の森林開発に手がつけられることになった（シベリア鉄道の開通）。その結果、日露両国資本の進出によってわずか数十年の間に広大な森林が消滅、それどころか、かつて広大な原生林が存在したこと自体が「記憶」から消えた、という。両国の鉄道建設の進展は膨大な枕木需要をうむとともに蒸気機関車の燃料となり、さらには激増した馬車（冬期は地面も水面も凍るため、そり付きの馬車が唯一の運搬手段になる）の材料になった。他方、軽量で喫水が浅く渇水期にも流すことができる日本型の筏が導入され、材木運搬は大幅に能率化して森林破壊に拍車がかかった、という。これまで想像するのが困難であった広大な森林のあっという間の消滅過程が、以上のような相互連関において見事に証明されたのであった。

　その結果、鴨緑江流域ではユキヒョウがすむ原生林が消えた。旅行者たちの「満州の印象」とは、もはや「地平線に赤い夕陽が沈む広大な平原」という「思い出」にかわった‥「記憶」自体が入れ替わったのである。

（参考文献）
安富歩、深尾葉子編著『「満州」の成立――森林の消尽と近代空間の形成――』名古屋
　　大学出版会、2009年

# 〝二次自然〟というロマン?

　講義では必ず〝もはや無垢の自然などない〟という話をしました。最初の反応は半信半疑、「そんなことはない、人が足を踏み入れられないところはまだたくさんある」といった表情になります。

　そこで「北極海の底から人工物が検出されたり、エベレストの頂上が人の残したゴミで汚された」などの報道がある時代に、「人工物に汚されていない場所などありえない」と言いますと、一辺に暗い雰囲気に包まれます。

　しかし、〝一度人が傷つけてしまった自然には、最後まで付き合う責任がある〟と私の意見を伝えると、今度はまた、緊張感に満ちた表情に変わります。
　この章は、その「緊張感」に「希望」を加えるための、一つの情報と考え方です。

# 第 10 章

# 二次自然というもの
## ──オルターナティブ農法をめぐって──

**キーワード**

自然、二次(的)自然、生物多様性、生態的安定性、草地、里山、
遊休農地、デカップリング政策

## ◆ はじめに

「自然と見間違うような開発ってある？」と問われたら「琵琶
湖岸に広がる葭地」だと答える……これは、西川嘉廣『ヨシの
文化史──水辺から見た近江の暮らし──』(サンライズ出版、
2002) の読後感である。今でも琵琶湖湖岸には見事な葭地が残
っているが、以前は広大な広がりをもっていた。急減したのは
明治以降、水田の拡張がすすめられたからである。なお同書に

は、葭はアシともヨシとも読めるが「悪し」をきらって「良し」とよぶようになったとある……以下「ヨシ」と記すことにしたい。

　西川によれば、ⅰ）ヨシが水質浄化機能を果たすには、毎年のヨシ刈りが必須条件であり、ヨシをいかに活用していくかこそが大問題であった。ⅱ）刈り取りあとの「ヨシ地焼き」は、ヨシを休眠から覚醒させ、害虫や雑草を防除し、できた灰は肥料になる。もちろん、化学肥料、防虫剤、除草剤の類はまったく使用されていない。

　すなわち、りっぱなヨシ地を維持できるのは「刈り取りとヨシ地焼き」のおかげであり、それが継続できたのは、ヨシの需要に支えられていたからだというのである。人の経済行為が、「自然（人は葭を「栽培」したわけではない）」を豊かで安定的にし、それがまた人をより豊かにする……「こんな関係がありうる」とすれば私たちにとって一筋の光明であろう。


◇「二次自然」の再定義

　本章では「二次自然」という言葉を使用する。しかしこれは、ずいぶん無限定に使われているので、私の使い方（定義）を記しておきたい。以下の意味に限定して使うことにする。

　「人の手により改変されたが、生態系を維持するかより豊富化する機能を発揮し、かつ、それを長期の安定として実現している環境」。この条件を満たすものを「二次自然」とよぶ。

# 1 ｜ 自然に溶けこむ人の営為
## ——古代琵琶湖漁業の研究史が面白かった

　古代琵琶湖周辺地域の研究〔大沼芳幸「琵琶湖沿岸における水田開発と漁業——人為環境がもたらした豊かな共生社会——」『環境の日本史2 古代の暮らしと祈り』（吉川弘文館2013年）〕を紹介したい。もちろん「二次自然」をテーマにしたものではないが、「開発」が後世の人々に気づかれないほど地域に溶け込んだ「新たな自然」生み出した、という事実が興味深い。これからも、「こんな開発」すなわち「新たな人／自然関係の生み出し方」がありうるかもしれないという興味と期待を抱かせるからである。

◇ 琵琶湖の漁業が途絶えてしまった？

　この研究は、ある段階の漁業技術の変化・発展が、考古学資料から消え去ってしまったのはなぜかを追求している。具体的には次のようなことである（要約）。

　　　……縄文時代早期の粟津湖底遺跡は世界最大級の湛水貝塚である。ここでは、多量の瀬田シジミ（琵琶湖固有種）とともにコイ科の魚を中心にした魚骨さらには漁網錘（漁網につけるおもり）が多数出土しており、盛んに網漁がなされていたことがわかる。しかし不思議なことに、弥生時代になると、漁網錘をはじめとする漁労用具は出土しなくなってしまう。漁業資料が出なくなったとなれば、縄文時代に盛んだった琵琶湖漁業は、弥生式時代に衰退

してしまったことになる……それはなぜか？である。

◇ 琵琶湖におけるコイ・フナ類の生態と漁法

　コイ・フナは、産卵期（春〜夏）には湖岸のヨシ原や水生植物に押し寄せて産卵する。大型魚類が湖岸の限られた場所に密集するので、この時を狙い「網漁」か「夜間の刺突漁」をする……これが代表的な漁法であった。コイ・フナはその後の時代にも一貫して中心魚種だったから、ある段階で漁撈用具が出土しなくなってしまったのは極めて奇妙であった。

　弥生時代の水田開発は、管理しやすい小河川の上流部などであるが、琵琶湖周辺地域では、湖辺平坦部も対象地であった。湖辺に造成された水田は、稲の苗や雑草が繁茂し水位も安定して保たれるから、コイやフナの絶好の産卵適地になった。

　また、水田は水温が高めで肥料分もあるためプランクトンが大発生し、稚魚には絶好のえさ場になる。また、稲が生長するにつれサギなどの野鳥からの隠れ家を提供する機能ももっている。他方、水田は酸欠になりやすいが、少なくとも琵琶湖固有種であるニゴロブナ（フナズシの材料である）の稚魚は無酸素でも生育できる能力がある、という幸運にも恵まれていた。

　「最近まで〝ウオジマ〟という言葉があった」……これは、産卵期にコイ・フナが「（動く）島」のように水田に押し寄せてくる様子をさすものだが、弥生時代にこの「ウオシマ」が出現したと考えられる。弥生時代とは、それほどのコイ・フナの増加がみられた時代であった、というのである。

◇ この現象をどうみるか

　興味深いのは、水田開発が漁法も漁獲高も激変・激増させた
ということである。具体的には次のようであった。①湖岸水田
開発はコイ・フナにとって「繁殖環境を著しく拡大させ」、人間
にとっては「漁業の大発展」という「予期せぬ大効果」をもた
らした。②縄文時代には、産卵のため湖岸に押し寄せてくるコ
イ・フナを「船と網を使って」とっていたが、弥生時代には、
水田開発が「魚を内陸に導きいれた」ので、「琵琶湖に出向くこ
となく」大量の漁獲を得ることができた。

　この変化を「人」に即してとりまとめれば次のようにいえる。

　縄文時代の漁業は網漁が中心であったため、「網の操作や漁獲
のために漁場に常駐していなければなら」ず、より専門的・専
業的な性格の強いものであったが、弥生時代には琵琶湖に出向
かず水田で大量の漁獲を得ることができるようになった。その
ため、「専業的漁法である網漁は…衰退し」、遺跡からは「漁網
錘などの漁撈用具」も「船」も出なくなった。

　その結果、「弥生時代は漁業が不振だった」という理解が一般
化し、「遺跡のみに頼る考古学」の内部からは、それを打ち破る
視座が生まれなかった、というのである。


◇「新しい自然」が生まれた

　以上は、湖辺部における開発行為が、人の意図を超えたとこ
ろで、魚類にとってもよりよい生育環境を生み出した、という
ことと意味づけうる。

　ここで生まれた新しい環境は「生態系として豊富化し、かつ

安定した」といえるのではないか……「一つの新しい自然すなわち（本書の言う）二次自然」といってもよいのではないか、と思うのである。

## 2 | 里山・草原・遊休農地をめぐって

　本書の観点からは、里山・草原・遊休農地などをただちに「二次自然」とはいえないが、もっとも早い時点で対処可能な「将来の二次自然の候補地」として期待すべき存在ではある。

　第2章では、土地利用の変遷を主に平場と山との相互関係において概観した。「減反」と過疎高齢化の現代農山村では、一方では人里に近い山地や丘陵地などの荒廃すら懸念されつつ、他方では「移住希望」すら含む都市民からの「新たな農的期待」が寄せられるようになってきた。里山・草原・遊休農地は、以上のような、新しい注目を浴びつつある「農的な（農業と関係が深い、というような意味である）土地」でもある。

　以下、守山弘・高橋桂孝・九鬼康彰と野田の共著『里山・遊休農地を生かす──新しい共同＝コモンズ形成の場──』（農文協、2011）から、いくつかの論点をひろってみたい。なお、同書では、守山が里山、高橋が草原、九鬼が遊休農地を担当した。

◆ 里山・草原・遊休農地について

◇ 里山をめぐって
　里山という空間には、「里の山」のみならず、谷津田（水田）も小さな「草原」も「遊休農地」も含まれている。さらには、

谷津田（水田）の限界部分に存在する放棄田も視野にいれると、これら全体が一個の生態系をなしていることがみえる。その一つ一つの連鎖を、「楽しみながら理解させてくれる」ところに、里山のもつ豊かさがある、と守山はいう。

　そして、里山のススキに含まれるケイ酸と鉄の循環を考察し、ススキの「貢献」を次のように説明している。

　ケイ酸は古い時代からの火山活動が供給したもので、強い吸収力をもったススキに媒介され、それが堆肥化されることを通じて稲の生育に寄与してきた。1955年から70年にかけススキ堆肥は約三分の一を減じたが、それは同時期に「化学肥料として増投されたケイ酸量」にほぼ等しいという。このように、「化学肥料の効用」が単に「自然のほころび」を埋めあわせるものでしかなかったとすれば、ここでも、科学・技術の意味を再考する必要が突き付けられているのかもしれない。

　以上のような「相互連携のありかたを総体として把握する」という観点は、おのずと「まとまりのある範囲」としての「地域」を再確認することにつながる、という。生態系とは「地域的なまとまりをもった個性的なもの」だという論点が、このようなかたちで具体的に示されることが興味深い。

◇ 草原をめぐって
　ここでの「草原」は、里山の一部を構成する「草地」よりは大きな広がりをもった、いわば「大景観としての草原」であり、日本ではむしろ希少ともいえる環境である。
　温暖・多雨という日本の気候条件は、草原管理を困難にする

が、にもかかわらず、実際に長期にわたり草原を維持してきた事例がある（たとえば阿蘇。一千年近く草原景観を維持しているのは世界的にみても例外に属する）のだから、そこから学ぶことは極めて多い。それは、温暖多雨の条件を「逆に」、すなわち「植生回復力の強さ」としてプラスに転化させうる技術の確認と習得につながる可能性があるうえ、実は、草資源が内在させているポテンシャリティが極めて大きいからだという。

　草本バイオマスの可能性は「五F」、すなわち食料（Food）・繊維（Fiber）・飼料（Feed）・肥料（Fertilizer）、燃料（Fuel）の総体である。「放牧という単一なアプローチだけではなく、稲わらをも含む草資源の循環利用にも目を向けるべき」だという。


◇　遊休農地をめぐって

　「遊休農地」とは「農地としての利用程度が低い」というところに判断ポイントを置いた区分法であり、「耕作放棄地と休耕地を合わせたもの」と考えるのが一番わかりやすい。

　近年注目されるのは、「地域資源の維持管理はその地域の住民が担うもの」という観念から「地域に思いを持つ人たち、特に市民が主役となって協働で担うものへ」というように、期待される「共同性の組み方」が大きく変化してきていることだという。また、このような実践を積み上げる中で歴然としてきたことは、「遊休農地の解消に必要なのは、カネよりもむしろ人」、要するにマンパワーの問題が決定的であることだという。

◆「新しい共同性」を生み出すうえで

　以上を通じて考えさせられたことを二つ記したい。

　第1は、里山・草原・遊休農地を、有益で安定的な存在にしていくための「新しい共同性」について。

　いずれにおいても、農村地域以外・農業関係者以外の、ひろく外部者の参加を必要としていた。「外部者の広範な参加」……そのこと自体が近世の入会とは根本的に違い、当然それに対応して「共同性」の内容も変わることになる。試行錯誤のなかで生み出していかざるをえないが、創造的で大きな意味をもつ課題であろうと思う。

　第2は、より直近の課題─外部者の参加可能性にかかわる問題である。これらの取り組みへの参加希望は大都会において強いという傾向がみられるが、車社会であるとはいえ、「距離の問題」が一つの障害として認識されつつある、という。

　確かに同書の事例は、交通便利な二大都市圏（東京と大阪）と有名観光地（阿蘇）であった。しかも、「今やブームとさえいわれる市民参加型の里山管理でさえ、里山の総面積に対する実施面積比率はわずか〇．〇三％」。であれば、依然として止まらない東京一極集中／地方都市圏の衰退が、里山・草原・遊休農地を支える「新しい共同性」を創り上げるうえでも、大きな困難になっていくのではないか、と危惧される。

　したがって、「新しい共同性」を築くためには、それ自体のみならず「国土計画（思想）そのもの」「一極集中型経済（思想）自体」を問う眼差しがいるのではないか……私たちの視野は当然

グローバリゼーション（世界との関係）にまで広げ深める必要が
出てくるように思う。

## 3 農地・農業と二次自然——宇根豊「虫見板」に学ぶ

「農業を通じて二次自然をつくる」……これが未来の日本農業
が目指すべき大目標ではないかと考える私には、「虫見板」を柱
として、自然と人との距離を一気に縮め、自然のもつ総合性・
相互補完性・生命性などをビジブルに示してくれる宇根豊の仕
事（『百姓学宣言』農文協2011）は興味深いものであった。

### ◆「すれ違い」へのコメント

ただ、このような書き出し方自体が、宇根にとっては批判の
対象であろう。はじめにその点についてふれておきたい。

#### ◇ 農業と二次自然

第1は、「農業で二次自然をつくる」という私の言い方である。
宇根は「……私たち日本人にとってはほとんどの自然は百姓が
つくりかえた自然である。……それを二次的な自然と呼ばれる
と、釈然としない……本来の自然ではない劣った自然だという
価値判断の匂いを感じるからである」（『百姓学宣言』98頁）とい
う。

主張はわかるが、何よりもそれは、多用されている「二次（的）
自然」概念が「安直」だからであろう。後に述べるように、宇
根の農法はまさに「自然そのもの」と思うが、伝統農業は災害

を多発させたし、現代農業も「自然をつくった」とはいいにくい（こぼれ話6）中で、「百姓が自然をつくった」と主張するのは、むしろ（百姓という言葉に込めた意味は理解できるにしても）インパクトを弱めてしまうように思う。

　訴えるべき対象は「日本社会全体」であり「世界諸国諸地域全体」であろう。私は、「人類が地球を壊し汚しまくってしまった」事実を正面にすえ、それらを克服する「新しい人・自然関係」を「二次自然として押し出す」方が理にかない、論理（主張）としても強いように思うのである。

◇「日本農業」という言い方
　第2は、「日本農業」という表現である。
　宇根は次のように言う。「何の疑問もなく、「日本農業は……」と語り始める農政や農学は、鈍感極まりない……これが無意識にナショナルな価値を優先させ、その結果、むらの、地方の、個人の人生を後回しにしてしまう原因だ。そのナショナルな価値の最たるものが今では経済価値である」（325頁）。
　そうであろうと私も思う。しかし他方、農政が常に「国」という単位で決められる……世界の場でも国内政治の場でも……という「現実」がある。この点からみれば、「国」は好むと好まざるとにかかわらず「主戦場」の一つであり続けるのではないか。「日本農業」という語には、宇根の見方とは異なる「意味と役割」が含まれていると思う。（「農業」という表現にも異論があるだろうが、ここでは省略する）

## ◆ 虫見板……「ただの虫」の発見について

### ◇ 虫見板

　虫見板とは、稲にどんな虫がどれほどいるのかを調べるための板である。20ｃm×30ｃmほどの板で、これを稲の株元にあてて、反対側から叩くと、驚くほどの虫がこの板の上に落ちてくる、という。宇根によれば、減農薬運動が広がった理由は、内からのまなざしを引き出した「虫見板」にあった。「その在所の風土性を読み取る内からのまなざしを、虫見板でつかんで表現してこそ、外からの科学技術のなかに組み込むことができた」というのである。

　虫見板を見つめていると虫自体の姿が変わるということが興味深い……それは次のように、である。

### ◇ ただの虫

　①虫見板で害虫を見つめているうちに、害虫がどんどん減っていくのに驚き、益虫がよく見えてきた。そしてとうとう「ただの虫」が視野に入ってきた。

　②そして、この「ただの虫」は生産には寄与しないが、身近な自然の代表であり、その代表を生み出している田んぼこそがもっとも大切な自然ではないかという発見が、私を自然に向かわせた。

　③「ただの虫」によってはじめて田んぼの自然全体への関心が生まれた。さらにこの害虫・益虫・「ただの虫」という分類が、相対的、流動的なものではあるが、むしろ世界認識の

優れた方法だと気づいた。

　私は、「少数の益虫」以外は「（程度の差はあれ）全部害虫」だと思っていたから驚いた。実際には、多数の「ただの虫」がおり、しかもその境界は多分に流動的（環境次第）だという……これはずいぶん魅力的な世界である。そして、「田んぼの雑草の8割は稲と競合しない〝ただの草〟」ともいう。「なるほど」である。そして、除草剤はこれを区別できないのである。

◇ 生きもの調査

　害虫、そして「ただの虫」へとまなざしが広がり、ここから「生きもの調査」に発展し大きな反響を得た、という。

　「私は減農薬運動が始まったときの熱気に似たものを感じた」「生きものと向き合い、見つめ合い、交流している……この体験が百姓には新鮮に感じられた……「近代化技術」にどっぷり浸かってきた身には、発見の連続だった……生きものの生をもっとつかみたくなってくるのだ。／これを生きもの調査自体が楽しくなって、目的になってきている、と表現したのだった」と。

　ちなみに、「田んぼの生きもの全種リスト」にあげられた「生きもの」数は5,668種、「現在福岡県の百姓が知っているもの」は約150種、「現在では90歳以上になる百姓がかつて名前を呼んでいたもの」約600種だという。

◆ 「生物多様性」と「多面的機能論」の可能性？

　関連して、興味深い指摘が2つある。

　第1は、近年注目を集める「生物多様性」について。「生物多

様性が『生態系サービス』を強調しすぎて、資源確保や希少な生きものの保存に傾斜することなく、ただの生きものと同じ世界に住む時を取り戻す思想になってほしい……この概念を百姓のものにしたいからである」として、次のようにいう。「カエルがいきいきと生きられるためには、田まわりという百姓仕事がゆっくりできなければならない。つまり30〜40日間は水を切らせない。しかし人間は近代化で時のスピードを上げるために、田まわりの時間を短縮しようとしてきた。カエルの命と労働時間の短縮を天秤にかけるぐらいの覚悟を生物多様性の大切さを提案している人はもっているだろうか」……コメントは不要であろう。よく理解できる。

　第2は、「多面的機能論」を説く研究者への批判である。「多くの学者は『多面的機能』に逃げ込んでしまった……仕事どころか、技術でもなく、機能であるというのである」として、およそ次のようにいう。「技術」には収まらない「仕事」の多様な効用を無視できなくなり、「それをあえて多面的機能として外側から表現しなければならなくなった」のは「そういう言い方でもしなければ、農の価値全体へのまなざしが復活できないほどに、農はカネになる世界だけでしか評価できなくなった」のだと。

　これにもさほど異論はない。宇沢弘文の「自動車の社会的費用」も金額表記であったが、文明批判そのものだったからそのインパクトは巨大であった。「価値認識」を欠いた多面的機能論は「単なる計算値」以上にはなりにくいかもしれない。が、デカップリング政策（「おわりに」参照）には貢献可能であろう、と思う。

## ◆ おわりに——「中耕除草農業」のリニューアルへ

　「二次自然としての農業」を考えるには、日本農業（環境形成型・中耕除草農業）のもっている「肥料・農薬の外給に傾斜しがちであった」という難点に目を向ける必要がある。

　第1章でみた飯沼・世界農業類型論を思い出してほしい。等しく水条件に恵まれた除草農業地帯であっても、冷涼乾燥の休閑除草農業（西欧農業）では、畑作と畜産を柱とするローテーションにより地力維持と連作障害への対策がなされていたが、日本の水田農業（環境形成型・中耕除草農業の中核）では休閑地やローテーションを必要とすることなく米の、あるいは米麦の二毛作の、連続的な栽培が可能であった。

　このことは限られた農地で二大穀物の連年収穫を可能にしたという点で画期的ではあったが、地力を絶えず経営外部（たとえば草山＝入会地）から補てんしなければならないという問題があった（経営外給的地力補てんという）。西欧農業がローテーションを通じて地力を「自前」で、すなわち「自己経営の内部で」補てんできた（経営内給的地力補てんという）のとは、大きく異なっていたのである。

　もちろん日本でも畑作では輪作は意識されていたが、近代になり化学肥料が登場してきた際には、日本で主流であった外給的方式のバリエーションとして、より抵抗少なく受け入れていったのではないか。実際、それはしばしば、「こぼれ話6」に記したような狂乱振りすら呈したのであった。

　これからは、水稲生産を組み入れた輪作体系の定着が期待さ

れるが、その過程で新たな地力内給的な栽培方法を生み出して
いくことが課題になるのであろう。

◎用語解説——————————————

二次（的）自然：農林水産省の定義は「二次林、二次草原、農耕地など、人と自然の長期にわたるかかわりの中で形成されてきた自然。原生自然に人為等が加わって生じた二次的な自然」である。また「人間が手を加えながらも、まだまだ自然の再生能力が残っている自然」「人の生活に密着した自然環境。都市公園、里山里地、採草地や放牧地もこれにあたる」などとするものもある。これらは、①「人が関わった」が②「なお自然とよびうる特性を備え」た③「残すべき諸環境……里山里地・採草地・放牧地」という共通項で括れそうである。

　私が本書で用いた「二次自然」とは、以上のような、「自然を残しているから残す」だけでなく、それプラス「これから作りあげていくもの」であり、一般的な「二次的自然」論に対する二つの批判を含んでいる。第1は現状認識……よりシリアスな側面から、すなわち「すでにあらゆる自然が傷ついている」ことを基本認識として持つべきではないか、放射能と化学物質および遺伝子操作の作用である。したがって、第2は、私たちの努力方向……「残す」ことではなく「作る」こと。本当に可能かどうか自体が問われるべきであろうが、現時点では少なくとも、「生物多様性を支え、豊富化させる役割を果たしうるものかどうか」を判断基準にすべきであり、「21世紀日本農業像として打ち出すべき大課題」だと考えている。

◎さらに勉強するための本——————————
西川嘉廣『ヨシの文化史——水辺から見た近江の暮らし』サンライズ出版、2002年

野田公夫・守山弘・高橋佳孝．・九鬼康彰『里山・遊休農地を生かす
　　——新しい共同＝コモンズ形成の場』農文協、2011年
中島紀『有機農業の技術とは何か—土に学び、実践者とともに』農文
　　協、2013年
宇根豊『百姓学宣言』農文協、2011年
徳永光俊『歴史と農書に学ぶ　日本農法の心土』農文協、2019年

# 農業史こぼれ話 10

### 「江戸時代の藩をモデルに生態系重視を」という国土開発計画

　第三次全国総合開発計画（1977-87）の検討に際し「全国で2～300の定住圏をつくる」という構想が出た。それが「江戸時代の藩の数（版籍奉還時271）」に近いので、「イメージは旧藩なのか？」という質問も出た。以下は、それに対する企画責任者・下河辺淳の回答である。

　人々の「陳情」からこんな議論を引き出すセンスが卓抜である。

　……水系によって生態系のエリアを勉強して……江戸時代の藩と同じということに気づき始めた……／……周辺市町村の陳情が……「周辺地域を一体としなくては」という意見がいっぱい出て、結果を見ると、江戸時代の藩に戻っていくのです。／つまり、社会的習慣とか風土とか……百年ぐらいの都道府県制では乗り越えられないだけの社会性が残ったのではないでしょうか。しかも……クルマ社会がきた時に、市町村の区域を超えて車が二十～三十キロ圏を日常生活圏にしているというのとも一致した……水系主義とクルマ社会主義がドッキングして、不思議なことに江戸時代の藩と同じになったという感じがあって、この圏域には安定性はあるなと……／

　……明治の廃藩置県は、一般的に河川を境界にしてしまった……右岸と左岸が違った団体なために、一本の河川を管理するのが難しくなっている……江戸時代というのは、お国の中の河川が真ん中を流れているのです。だから、右岸と左岸の両方を一つの藩、大名が管理しているということは非常によいことではないかと‥／もう一つは、上流下流論の一体感が非常にうまくできている……山があって、山を下りると森があって、森を下りると薪炭林があって、里山があって畑があって、田んぼがでてきて、城下町で港があって……／これは自然系であると同時に、社会経済的系でもあって……とてもうまくできている……／廃藩置県が進むにつれて、交通主義にとらわれて海岸線に並行のルートだけが活発……山の方は過疎化するという形を卒業しようということで、水系主義を言い出したのです。……そう簡単ではないことは確かです。／それにもかかわらず、国土の人と自然の関係論から言えば、それをもう一度回復することの意味は大きいと…

　さらに次のような表現もある。考えさせられる発想ではあろう。
　科学技術文明の限界ということを考えた時に……人工系と自然系との再調和の姿を考えなければ、国土管理の方向が出ない……モデルとしては、江戸には水系主義があったのに、明治はどちらかというと交通主義になった……道路でも鉄道でも、日本の地形では海岸線に並行することが原則であって、水系と直角に交わる。そのことは、土地利用の混乱要因でもあるわけで、もう一回水系に戻って、森の管理から都市の管理まで考え直してみよう……。

（引用文献）下河辺淳『戦後国土計画への証言』日本経済評論社 1994 年

おわりに——「歴史」をふまえ「今」を考えてみる

———————————————————————————

　まずは、本書からできるだけまとまった像が結べるよう、主
な諸点をまとめておきます。

◆（1）　日本の農業・農村が培ってきた歴史的「個性」

　次のような特質が抽出できたと思います。
　①生業に立脚した「多就業性」と「混住農村」に裏付けられ
た百姓世界の多彩な活動性、②「小さな自然」と「中耕除草農
業」を生かした労働集約的農法、③「パックス・トクガワーナ」
と「村請制」をベースに築かれた共同的秩序と多様な工夫、④
「土地合体資本」としての定着力と生産力を築いた水田農業、⑤
「直系家族」によるこれらの伝統の強固な継承と洗練、⑥以上を
支えた「上土（個）・中土（村）・底土（天）」という重層的土地所
有等々。なお、⑦（意外なことに！）「経済を担う女性」と、それ
ゆえの「女性の地位の高さ」をあげてもよさそうですね。
　本書で十分触れられなかったことも記せば、⑧裏作ナタネ（水
田二毛作・灯火原料）による「夜の生活時間」の獲得、⑨その上で
可能となった、高い「識字率」とそれを土台にした「地域農業
テキスト」としての農書の普及、⑩木綿革命と干鰯に象徴され
る農村的商品経済の発展、⑪農民の旺盛な旅行熱と「品種交換

会」等々も指摘できるでしょうか。

　以上いずれも、「小さな自然」「中耕除草農業」（＝農法）／「パックス・トクガワーナ」「村請制」（＝政治・社会）／「商品経済」（＝経済）／「直系家族型小農」（＝家族）という諸条件（歴史過程）の〈共同作品〉というべきものと言ってもよいでしょう。

## ◆ (2)　明治維新（強制的近代化）の影響と対応

　明治維新は、西欧列強とのギャップに恐れを抱きつつ急ぎ進めた「近代化革命」でした。キャッチアップする側であったことの有利さも幸いして顕著な経済発展を遂げましたが、それは諸環境を激変させ、「こぼれ話６」で紹介しましたような「混乱・修羅場」を生むことにもなりました。他方「米の飯を腹一杯食べる」とは庶民長年の夢、「近代化」に託した願いの一つでした。実際、米の増産は着実にすすみましたが、それを上回る消費増に応えきれず、明治30年頃からは、「植民地米」とよばれる朝鮮米・台湾米や「外米」とよばれる西貢米（さいごん）などが不足を補うことになりました。「主食」である米は投機対象になり、買い占めによる米価高騰を引き金にして、大正7年には「最後の騒擾（そうじょう）事件」と言われる「米騒動」がおこりました（騒擾とは大規模な民衆騒乱のことです）。他方、たとえば朝鮮半島では、日本向けの米作りが盛んになればなるほど自給農業が壊れ、「コメどころかヒエも食べられない」事態すら発生しました……植民地支配というものの内実も知っておく必要があるでしょう。

◆（3）「農業の不利化」への対応と世論

　大工業化の時代（第一次大戦期）には「農業の不利化」が明瞭になり、「農村花嫁問題」「向都熱」などとよばれた、現代と見まがう問題群が顕在化しました。

　注目すべきは、旧近世村などが諸問題の受け皿として多数組織された（農家小組合）ことであり、しかも、近世とは異なる明瞭な「新しさ（近代性）」も備えていたことです。たとえば滋賀県では、当時登場したばかりの高価な農業機械を備え、その負担を背負える若手有力農業者たちによってまず旗揚げされ、漸次、組合員を拡大するという組織化方策がとられました。

　その後の戦争と敗戦・戦後改革および高度成長などと続く歴史過程には、農産物自由化／脱農・人口流出・地価騰貴・農地転用潰廃／そして農地余り・末端集落の消滅などという大きな状況変化がありました。これらもまた、農がひとり立ち向かうにはあまりにも巨大な困難でしたが、その折々に農を支えたのは、「歴史に由来する地縁的あるいは人的な共同」でした。このように、「伝統」とは「時代」にふさわしいリニューアルがなされることによって「蘇り」、「大きな力となる」ものなのであろうと思います。

　一貫して農業に温かい世論が寄せられてきたことも忘れられません。「こぼれ話8」で文学者有島と武者小路の「英断」を紹介しましたが、シンプソン・元フロリダ大学教授は、「農産物自給率を上げる」ことに対する世論の支持の高さに驚嘆していました（『これでいいのか日本の食料—アメリカ人研究者の警告』家の光協

会、2002年)。「どこの国でも階層間対立が深刻で、庶民の多くは割高な自国農業を支持しない」のだといいます。そうであれば農の側には、これらの国々以上に、国民的な支持・期待にこたえ、それをより大きな「力」育てるための働きかけが必要でしょう。

◆ (4)　サカタニ農産・法人代表の「述懐」に関連して

　全国のトップを走る農業経営体が、自身の経営のみならず「地域社会の繁栄」に、自己の経営目標の一つといえるほど大きな位置づけを与えていることは極めて印象的でした。他方では「担当がころころ変わる農外企業に地域農業はまかせられん」という声も聞きます。法人代表の述懐もこの農業者の心配も、日本の農業者に際立つ感性(地域社会とともにある経営体——本書では「社会農業」と表現しました)であるように思われます。

　私は「大規模経営否定」論者ではありません。「農業者由来の大経営」は、現に離農者の土地を預かる地域資源管理主体であり、地域に欠くべからざる存在でしょう。私が批判してきたのは、「大規模化すれば自由化圧力に抗しうる」かのようにいう「構造改革至上主義」です。「社会農業」ともよびうる日本農業の立脚点(今後とも最高の強みになるはずです)を壊すことにしかならないからです。社会の相互分担・相互協力関係のリニューアルに支えられた農業者の成長こそが「日本的農業構造改革」の内実をつくるのではないかと思います。[1]

　以下は「応用編」、〝未来を向いて少し飛躍を〟です。

　第1は、「地域内再投資力（岡田知弘）」という視点です。

　本書では「地域社会こそ大切」と繰り返してきましたが、ここでは「現代の地域社会を大切にする方法」を「地域内再投資力」の考え方に学びたいと思います。

　「地域内再投資力」とは、岡田知弘が『地域づくりの経済学入門──地域内再投資力論』（2005）で述べていたものですが、これまでは必ずしも農業論としては受け取られてこなかったように思います。しかし今の農業振興は、「農のみならず地域社会の再生・豊富化」として捉えることが決定的に大切だと思います。

　脱農・過疎を「農再建のプラス条件」だとする「逆転の発想」が説かれたこともありました。「耕地は借りやすく」なり（構造政策）、「住まい（空き家）の確保」も容易になる（Ｉターン対策）ということでした。しかし、前者では先のようなサカタニの「述懐」があり、後者でもむしろ「社会の元気さ」こそが受け皿になるという現実がクリアになっているように思います。

　「公共投資や企業誘致にかけたが期待外れだった（それどころか大損だった）」という話を耳にしますが、その秘密と対処策を明らかにしたのが「地域内再投資力」論でした。

　以下、私流に要約します……「公共投資」に期待をかけても、東京に本社があるゼネコンに収益が吸収されるだけ、「誘致企業」も獲得した果実を本社に還流させるだけ、しかも景気次第ですぐに「撤退や閉鎖」となり、種々の費用がそのまま住民のツケになりかねない。そうではなく、①自治体と地元企業が相

互理解を深め、②地元にふさわしい投資を選び確実に収益をあげ、③そのノウハウを蓄積し地域内投資能力を増し、④適切な投資を継続的に実現する……鍵はこのような「地元主体の投資サイクル」を生み出すことであり、これらの取組みが地域への愛着や誇りおよび地域の魅力を高め、その結果、六次産業化や規模拡大の意欲をもつ人も増え、Iターン者の迎え入れにもプラスになる……そんな展望に連なるというわけです。

　このような地域の姿は、もしかすると、遠く網野が強調した百姓と地域社会の多就業性や混住性のアクティビティ（と女性の能動性）に繋がるかもしれない、あるいは、近世における「村請制」の現代的な工夫と言えるかもしれない、などと、種々「想い」を巡らせてみるのもよいかもしれません。


　第2は、「農業で二次自然をつくる！これが日本農業だ！」と宣言してはどうか、という提案？です。

　「半ば冗談」になってしまいそうですが、「未来のためのイメージ・トレーニング」として読んでいただければ、と思います。


　日本農業にも、「時代と世界」を見据えた「大目標」が必要だと思います。理由は二つあります。

　一つはやや大きな事情です。2019年度は世界規模で一気に、地球環境への危機感が沸騰しました。とくに「温暖化」については、現在のペースが続けば「2030年頃に分岐点がくる」という専門家たちの判断が衝撃的でした。気温上昇はある水準を超えると「自動化し人為が及ばなくなる」というものでした。

　工業の影響が最大ではありますが、広大な大地を覆う農業の
負荷も大きなものです。これまで「自然の支配」を通じて急拡
大してきた世界農業は「各国・地域の自然環境にふさわしいも
の」に転換することが必須になり、厳しい時間的制約の中で、
年々「争点化」の度合いを上げることになるでしょう。

　二つは日本農業のこと。これまで、「人と自然」に優しい農業
を生み出す様々な努力が重ねられてきました。いずれも、各々
固有の信念に支えられた取り組みではありますが、消費者にと
っては必ずしも（国際社会にとっては一層）わかりやすいもので
はありませんでした。個々の特性はおおいに尊重されるべきです
が、それらを大きく括る「大カテゴリー」の必要を痛感いたし
ます。「どんな農業をめざすのか」を、「多面的機能のリスト」
などではもちろんなく、「理念・文化」を体現した「大目標」と
して端的に示すことができないものかと、強く思います。

◆「日本農業は二次自然をつくる」という「宣言」の意義

　その点で、①「二次自然」として国土規模のスケールをもち、
②最も普遍性が高く生物により近い眼差しである「生態系／生
物多様性（の豊富化と安定化）」を指標にした、大きな「目標の持
ち方」がありうるのではないかと思います。

　1）日本農業は、「生態系の回復・豊富化・安定化」の取り組
みにおける世界の先進ケースになれるかもしれない、という期
待があります。普遍的に存在する水田農業が「水」という環境
と近く、「生物多様性を育む能力」が大きいことがポイントで

す。大昔の「水田漁撈」も、近代に一時復活した「水田養鯉」
も、宇根の「赤とんぼ」も「虫見板」も、富山・福岡などの「ア
イガモ農法」も兵庫の「コウノトリ育む農法」も滋賀の「魚の
ゆりかご水田米」も、さらに「湖辺のヨシ」もインバウンドが
感嘆する「棚田や畔の美しさ」も、すべて「水のある農業環境」
がもたらす生命の旺盛さと安定性です。

　日本農業が十分比較優位を示すことができ、消費者・国民と
〝愛着と誇り〟を共有できる取り組みではないでしょうか。


　2）地球環境問題の緩和にむけて農業が貢献する途は、日本の
みならず世界中が「各々の自然環境にふさわしい農業を選び取
る」以外にはないように思います。この点で、2019年は、従来
とは決定的に異なるレベルで「農業の国際分業論」の妥当性を
再検討しうる機会を生んだ、と私は受けとめています(2)。


　3）以上の試みが現実のものになるには、①「世論の強い支
持」と②「抜本的なデカップリング政策」、および③それらの前
提となる「経済思想の刷新」などが、さらには④「上土・中土・
天の土地が重なる」重層的土地所有の復権も必要でしょうか。


　なお、「デカップリング」とは「切り離す」こと、農政では
「生産物に補助金を出し増産意欲を刺激するのではなく（……需
給関係が混乱します）、生産実績とは切り離して農家へ所得助成
をする政策」を意味します。「農家の二次自然づくりに対する支
援」はその最も有力なものです。課題は国民的かつ世界的です

から、対応すべき省庁は農林水産省だけではないはずです。

たとえばフランスでは、「農業所得に占める補助金の割合」は、高い順に「肉牛」179％、「穀物・油糧種子」169％、「羊・ヤギ」162％、「畜産・耕種複合」126％など、低い順に「花卉・園芸」8％、「ワイン」9％、「蔬菜」23％、「果樹・永年作物」34％などとなります(3)。土地利用型部門では「農業所得の1.5倍」を超える強力な保護をしつつ、競争力の高い特産品は自由競争的環境におくという、実にメリハリのついた施策がとられているわけです。前者に手厚い保護が加えられるのは、この部門は「競争力に乏しいがフランス文化とその担い手である家族経営を守ることの意義は大きい」と考えられているからでしょう。日本でも、このようなレベルの施策が必要とされているのだと思います。

◆ 最後に──「個性(日本)」から「様々な個性(世界)」へ

本書はやや極端な「個性」の強調からはじめましたが、最後は21世紀世界像に近いものになりました。一般的にいえば、「個性」への着目は「様々な個性」に、さらには「多様な個性で成り立つ世界」へと認識を広げてくれます。そうなってはじめて「世界の姿と共存のあり方」が見えてくるように思います。そんなことも考えながら「学び」を重ねてくだされば幸いです(4)。

◎注 ───────────────────

（１）　小池恒男農業開発研修センター会長は「田畑輪換をより効果的なものにする農法が確立していない。研究機関が必ずしもそのような意向を強くもっているともいえない現在、大規模農家のさまざまな試みが大切な実験になるように思う」と言っています。田畑輪換農法の創造的構成は、新しい農の実体を作る基本課題でしょう。

（2）　約30年前に、犬塚昭次『食料自給を世界化する』農文協（1933）は、世界農業問題の
　　　根本的解決は「すべての食料輸入国が食料自給率をあげる以外にはない」と言い切っ
　　　ていました。
　　　　これは主に食料問題からの発想でしたが、さらに「運命共同体としての地球」とい
　　　う論点が際立った今日、あらためて犬塚の主張を「世界農政が目指すべき基本方向」
　　　として位置付け直すべきであろうと思います。「国際分業論」もまた、農業にあっては
　　　この原則の上に位置付けられるべきものだということです。
（3）　農林水産省『平成27年度海外農業・貿易事情調査分析事業（農業所得構造分析）報告書』
　　　「3. フランスにおける農業所得の推移と構造」2016.3 より。農業開発センター小池会長
　　　に紹介いただきました。
（4）　少し前（2014年）、国連世界食料保障委員会の提言（邦文タイトル等は、下記の一覧を
　　　参照してください）に接した時は、日本農業の歴史も日本農業問題のありかたも、「家
　　　族農業（の多さ）」という点で世界（の多様な家族農業）に深く結びついていることに
　　　改めて気付かされました。


◎さらに勉強するための本————————

シリーズ『地域の再生』全21巻、農文協、2009〜11年

国連世界食料保障委員会専門家ハイレベル・パネル著、家族農業研究
　　　会・農林中金総合研究所共訳『人口・食料・資源・環境　家族
　　　農業が世界の未来を拓く』農文協、2014年

全国小さくても輝く自治体フォーラムの会・自治体問題研究所編『小
　　　さい自治体輝く自治』自治体問題研究所、2015年

シリーズ『田園回帰』全8巻、農文協、2015〜17年

祖田修『農学原論』農林統計協会、2017年

増田佳昭編著『制度環境の変化と農協の未来像』昭和堂、2018年

小池恒男編著『グローバル資本主義と農業・農政の未来像』昭和堂、
　　　2019年

萬田正治・山下惣一監修・小農学会編『新しい小農』創森社、2020年

田代洋一・田畑保編『食料・農業・農村の政策課題』筑波書房、2020
　　　年

村田武編『新自由主義グローバリズムと家族農業経営』筑波書房、
　　　2020年

## 農業史こぼれ話 11

### アメリカ・日本人農業移民の運命——『ストロベリー・デイズ』の世界

　明治末以降、日本では農業をする余地がないことを悟った農家の次三男たちは、日本人農業移民に門戸を開いていたカリフォルニアに渡った（最盛期は毎年3万人規模で）。初めは単身者中心だったが、徐々に配偶者が海をわたり（写真結婚と揶揄もされた）、家族もできた。まずは農業労働者になり、次は土地を借りて小作農になり、最後はその土地を買って自作農（土地所有者）へと「ラダー」を登る。そのような夢を抱いて、彼らの多くは日本の財産を処分し、渡航費を工面して海を渡ったのである。

　丁寧で細やかな管理が得意な彼らは園芸部門に優れた能力を発揮し、圧倒的なシェアを獲得するに至った。ロサンジェルス郡（1941）で作付面積90%以上のシェアをもつ野菜は、セロリ、ホウレンソウ、ビート、レタスなど16品目（ほかには豆類も）、花卉（サンフランシスコ湾岸地域 1927）でもキク約70%、カーネーション約60%・・彼らは輝ける成功者であった。

　だが、農業ラダーを着実に上っていた移民たちの運命を突如狂わせる大事件が勃発した。日米開戦／1941.12.7（アメリカは未だ7日であった）真珠湾空襲である。社会が移民たちに注ぐ眼差しは一変し、「スパイする危険」が問題にされ、日本スパイとの接触が不可能な内陸収容所へ強制収容されたのである。「ストロベリー・デイズ」とは、著者ナイワートの記憶に残るかつて共にあった日本人農民の姿・・イチゴ栽培に明け暮れる日々の様子のことである。

　しかし問題はこれでは終わらない。初代移民の子供たち＝アメリカで生まれ育った2世たちにとってみれば、「自らの未来」にかかわる大問題、両親の絶望とは異なるレベルの苦悶があったからである。2世の間でも意見は割れたが、多くの1世の反対を振り切り、彼らの一部は、軍に志願することで自らの「潔白」を証明し社会の信認を得る途を選んだ・・日本人部隊「第442連隊戦闘団」の結成である。彼らはノルマンディー上陸後の最前線に送られた。「弾除け」だと噂されたが、同連隊の奮闘ぶりはものすごく、危険を冒して「深夜、背後からの奇襲」を敢行しドイツ軍最前線に穴をあけた。これで戦況は一変したのである（同部隊の戦死率は米軍全部隊中最高であった）。

　この話を最終パートに持ってきたのは、最近（2010.10）になってやっと日本人農業移民の「名誉回復」がなされ、あわせて「議会名誉勲章」（米国最高の章である）が授与されたからであり、さらにその後（2014.7）、移民の1人ジョージ・タケイが、2001年3月11日（同時多発テロ）以降、反ムスリムの排外主義が吹き荒れるアメリカ社会を憂い、「あなたがたは私たちにしたことを未だ反省していない」との、「彼らしか言えない重み」をもったメッセージを堂々と発信したからである。彼らの経験は現代に「大きく」生きた。

（参考文献）D.A. ナイワート／ラッセル秀子訳『ストロベリー・デイズ——日系アメリカ人強制収容の記憶』みすず書房 2013

　矢ケ崎典隆『移民農業——カリフォルニアの日本人移民社会——』古今書院 1993

■著者紹介

**野田　公夫**（のだ　きみお）
1948 年生。島根大学農学部講師・京都大学農学研究科教授を経て龍谷大学農学部特任教授（2019 年退職）。京都大学名誉教授。
専門は近現代日本農業史。近年の主業績は次のようである。
　　単著書　『日本農業の発展論理』農文協、2012 年
　　編著書　『農林資源開発の世紀』京都大学学術出版会、2013 年
　　　　　　『日本帝国圏の農林資源開発』同上
　　共著書　『里山・遊休農地を生かす』農文協、2011 年。
　　分担執筆　『近江八幡市史』第 8 巻（近現代）、近江八幡市、2019 年
　　　　　　　高橋信正編著『食料・農業・農村の六次産業化』農林統計協会、
　　　　　　　2018 年
　　　　　　　『新修彦根市史』第 4 巻（現代）、彦根市、2015 年　ほか

「食と農の教室」④
未来を語る日本農業史——世界のなかの日本——

2020 年 6 月 20 日　初版第 1 刷発行

著　者　　**野田公夫**

発行者　　**杉田啓三**

〒 607-8494　京都市山科区日ノ岡堤谷町 3-1
発行所　株式会社 **昭和堂**
振替口座　01060-5-9347
TEL（075）502-7500／FAX（075）502-7501

©2020　野田公夫　　　　　　　　　　　　　印刷　中村印刷
ISBN978-4-8122-1930-0